汉竹编著•亲亲乐读系列

我的老婆怀孕了

王琪◎主编

江苏凤凰科学技术出版社
全国百佳图书出版单位

前言

我最亲密的老婆怀孕了，我有很多话想对她和宝宝说。

宝宝在妈妈的子宫里成长，在这段10个月的旅程里，宝宝与妈妈有着天生的亲密联系，作为丈夫和准爸爸的我很羡慕。他（她）们俩是那么的亲密，宝宝的一举一动，妈妈最先感觉到，宝宝每天听着妈妈的心跳声入睡……在宝宝开始的这段时光里，我也想参与进来！

老婆在怀孕的过程中，因为身体的原因，心理会变得敏感、脆弱，缺乏安全感。其实我和老婆一样，第一次经历孕育。但是女性天生的母性让其更加谨慎。在这条孕育之路上，凡事小心翼翼，害怕给宝宝带来一丝丝伤害，所以只要听说可能危害宝宝的，不管概率多么低，也坚决不去做；还有身体的变化，孕期各种不适，连基本的睡眠也无法完完全全地拥有，老婆经历的这些，作为丈夫和准爸爸的我，虽然无法代替她，但愿意尽一切办法能让她稍微舒适一些。我愿意和老婆一起，站在老婆的位置上，感受孕育，感受宝宝成长。

老婆，是我最爱的人，是陪伴我一生的人；宝宝，是我生命的延续，在他们最重要的时刻，老婆、宝宝每一天都有什么样的变化，老婆会经历哪些身体、心理上的变化，她会在什么时候最需要我，我能做点什么……这些问题，在本书里，会找到答案。

孕妈妈的茫然、不知所措和纠结，准爸爸的疑惑，将在本书里得到解答。

谨以此献给那些正在经历孕育，深深爱着老婆，爱着宝宝的准爸爸们。

目录

第一章　孕 1 月

第二章　孕 2 月

第三章 孕 3 月

第四章 孕 4 月

第五章 孕 5 月

第六章 孕 6 月

第七章 孕 7 月

第八章 孕 8 月

第九章 孕 9 月

第十章 孕 10 月

附录：宝宝出生后

期盼的宝宝从本月起，开始住进妈妈的子宫里。孕妈妈由此开启了一段为期 10 个月的神奇旅程。对于准爸爸来说，从此刻起，也开始进入一段不同寻常的人生，一颗小小的种子正在孕妈准爸的心里，以及孕妈妈的身体里发芽。

新生命之始

医学上规定，以孕妈妈末次月经的第一天起计算，其整个孕期共为 280 天，10 个妊娠月（每个妊娠月为 28 天）。从这个角度上说，孕 1 月是最神奇的一个月，新生命始于此。

第 1 周：事实上，根据孕期推算，这一周孕妈妈正处于月经期。以医学规定看，从此时起，孕妈妈已经开始进入孕期。

第 2 周：这也是相对模糊的一周，本周是否受孕完全取决于孕妈妈的排卵期是否准确。有的孕妈妈月经周期时间不固定，也存在在月经前两三天排卵情况，如果当时有同房，则此时已经成功受孕；如果孕妈妈的月经周期规律，排卵日也比较准，那本周则是大概率可以“好孕”的一周。

第 3 周：如果孕妈妈的月经周期为 28~30 天，第 2 周有同房，那么在本周精子和卵细胞极有可能结合，并正在一边快速分裂，一边沿着输卵管向子宫行进。

第 4 周：小小的受精卵顺利植入增厚的子宫中，不断地进行分裂、分化、长大。在本周，受精卵会分成两部分：一部分是胚胎本身，将来发育成胎儿；另一部分演变为胚外膜。

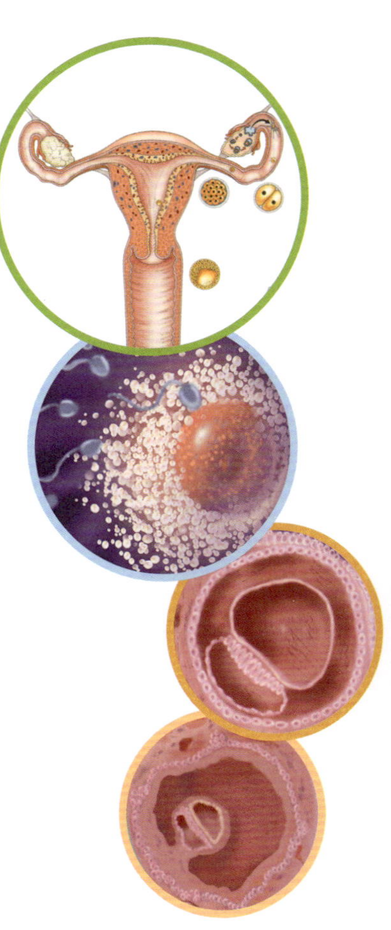

你得做点啥

孕育是两个人的事儿，所以和孕妈妈一起了解孕产知识，一起积极孕育新生命。

了解月经周期和排卵周期的知识，继续戒烟、戒酒，做好“好孕”准备。

本月孕妈妈基本没有什么特殊感觉，也不需要特殊的照顾，但是多陪在孕妈妈身边，让孕妈妈感受到快乐，有你陪伴，将会大大增加“好孕”概率。

给准爸爸讲科普：月经周期和排卵期

要想成功“好孕”，了解女性的月经周期和排卵期知识是非常必要的。

月经周期的计算是从月经来潮第 1 天开始，到下一次月经来潮为止，周期的长短因人而异，一般为 21~36 天，平均为 28 天。

排卵是指在每个月经周期内，激素变化引发卵巢释放卵细胞的过程，一般一个月经周期仅发生 1 次。排卵通常发生在下一月经周期开始前的 12~16 天。

卵细胞能存活 24~48 小时，所以在这段时间内易受精。通常女性左右两个卵巢轮流排卵，少数情况下能同时排出 2 个或 2 个以上的卵细胞。如果分别与精子结合，就会出现双胞胎或多胞胎。

什么是“怀孕窗口期”

研究发现，在女性排卵日的前后，只有 6 天是可受孕的，即怀孕窗口期。此时同房能有效提高怀孕的概率。要了解怀孕窗口期，需要详细记录女性月经周期以及排卵期。不过，生活中大多数女性排卵日并不精准，所以在推测出的排卵日的前 5 天和后 1 天同房，增加受孕机会。

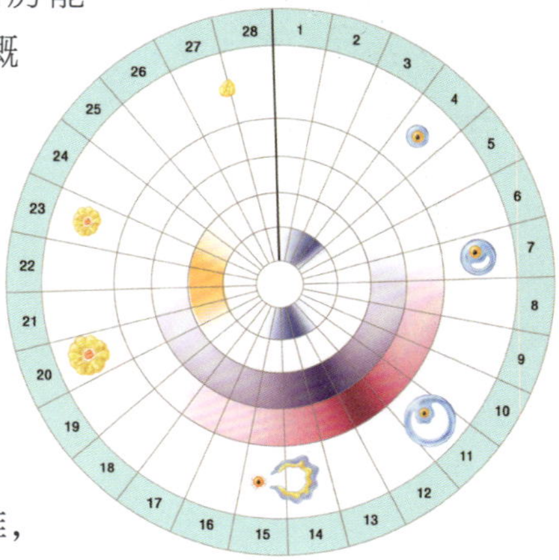

受孕率最高的是哪天

“怀孕窗口期”的 6 天包括排卵期前的 4~5 天和排卵日当天及后 1 天，在这 6 天中，排卵前 2 天至排卵期当日同房，受孕成功的概率都比较高。

因为精子在女性阴道里的寿命不超过 8 个小时，而精子的受精能力大多仅能维持 20 个小时，所以理论上在确定女性排卵后同房，受孕成功率更高。

统计显示，排卵期前 1 天及排卵日当天同房，受孕率可达 30% 左右，排卵日前 2 天同房受孕率在 20% 左右，排卵日前 3 天同房受孕率则降到 10% 左右。

不过，每个人的身体状况不同，一两天的差距并不明显，所以想要“好孕”的夫妻不妨放松心情，在怀孕窗口期享受快乐，说不准“好孕”反而不知不觉就降临了。

月经期不准，怎么算排卵期

不做任何运动，没有较大情绪波动，测量结果才最真实。

如果月经周期很准，女性的排卵日期一般在下次月经来潮前的14天左右。生活中大多数女性月经周期即使很准，每个月也会有一两天的波动，所以一般将下一月经周期开始前的12~16天定为排卵日期。如果月经期不准，也有很多方法来算排卵期。

平时帮助妻子做月经周期记录，有助于推算排卵期。

推算法

排卵期第一天为最短一次月经周期天数减去18天；排卵期最后一天是最长一次月经周期天数减去11天。如月经周期在21~37天之间，那么月经期最短则为21天，最长为37天。排卵期则是（21-18）~（37-11），即月经来潮后的第3~26天都有可能排卵。

宫颈黏液法

接近排卵期黏液变得清亮，滑润而富有弹性，如同鸡蛋清状，拉丝度高，不易拉断，出现这种黏液的最后一天±48小时之间是排卵日。

基础体温法

购买专用基础体温计，每天清早醒来，不做任何活动，立即测体温，并记录在表格中，连测3个月，形成基础体温曲线。一般排卵期前2周基础体温往往处于基础体温的低温期，排卵期后2周左右基础体温往往处于高温期。在这个体温曲线中会出现由低温突然变高温，或者过渡到高温期的阶段，双向曲线开始变高的那天就是排卵期。

B超监测法

通过B超检查，可以看到卵泡排出过程，能非常准确地确定排卵期。

排卵试纸

排卵试纸是通过检测体内黄体生成激素（LH）的峰值水平，来预知是否排卵的。通常，女性在排卵前1~2天，尿液中LH会出现高峰值，此时用排卵试纸自测，结果就会显示为阳性，即两条杠的情况。

掌握“好孕”最佳时间

比较理想的受孕月份是在7~9月，次年4~5月分娩比较好。

夏末秋初是孕育宝宝好季节

在一年之中,7~9月份气候相对舒适，备孕女性身体在经过各种病毒迅速繁殖的春季后，已经变得足够“强壮”，不容易感染疾病，能给胎宝宝提供较为安全的宫内环境。

而且在孕早期，孕妈妈有孕吐等妊娠反应，胃口发生改变，食欲变得不佳，夏末秋初蔬菜瓜果品种丰富、新鲜，而且天气凉爽，有助于改善孕妈妈孕吐，补充丰富的营养情况。

7~9月怀孕，次年4~5月分娩，正是春暖花开时节，天气不冷不热，有助于新妈妈身体恢复，调整心情，也有利于小宝宝成长。

受孕的最佳时刻

在一天之内，人体的生理状态也是不断变化的。早上7~12点，人体机能呈上升趋势。中午1~2点，是白天人体机能最低时刻。下午5点再度上升，晚上11点后又急剧下降。

有研究发现，在一天之中精子的数量和质量最旺盛时间是下午5~7点，所以如果此时同房，较容易受孕成功。

双方舒适、愉快最重要

孕育这件事和情绪、心理压力密切相关。不管有多少“最佳”，但如果双方在过程中不舒服、不愉悦，都不能称之为好方法。所以备孕的夫妻双方也不必刻意履行秋季、傍晚孕育的原则，只要双方在舒适、愉快的氛围中，随时都是孕育宝宝的最佳时机。

准爸爸日记

亲爱的宝宝，你现在应该还在云朵做成的摇篮里，或许是甜甜地睡着，或许在与一直守护着你的仙鹤伯伯玩耍。宝宝，你知道吗？我和妈妈非常期待你的到来呢，希望你快快坐着仙鹤伯伯的彩色云朵，来到妈妈的肚子里哟，我们已经准备好了。你的妈妈是个温柔的人，在未来的10个月里，你会和妈妈非常亲密，但是爸爸也会非常努力地让你熟悉，你的到来会让我们更加亲密。

专家推荐的 8 条自然“好孕”常识

6 个月备孕

生育力随年龄增加而下降。女性 35 岁、男性 50 岁后生育力明显下降。有研究显示，大约 80% 的怀孕发生于备孕的 6 个月内，所以 35 岁以上女性备孕 6 个月仍然未受孕，可及时去医院检查，查明原因。

此 8 条共识为 2017 年美国生殖医学会和生殖内分泌及不孕症学会的专家建议。

性生活频率

每日或隔日同房一次的受孕率最高，每周 2~3 次也能达到较高的受孕率。但由此产生的压力和疲惫也会影响受孕概率，所以在一定范围内根据自己的情况决定合适的频率才是最重要的。

性生活姿势

性生活姿势及性生活后是否仰卧、抬腿等姿势均不影响受孕率。最快时，精子在 2 分钟内就会到达输卵管。

排卵期间同房

预测排卵有助于提高受孕率，据统计，排卵前 3 天内受孕率最高，因此月经规律者可在排卵前 3 天开始每日同房，有助于增加受孕概率。

饮食

均衡的健康饮食有助于改善排卵异常；血中汞浓度升高会降低受孕率，而平时过量进食海鲜及海鲜制品，以及腌制的蛋等，有可能会造成血中汞浓度升高。

吸烟饮酒等不良习惯

吸烟对生育有很多不良影响，增加不孕及流产的风险；体内酒精浓度过高会增加胎儿畸形概率。

咖啡

备孕或者孕期每日 1~2 杯咖啡对怀孕没有明显不良影响，但怀孕期间每日 2~3 杯咖啡可能增加流产风险。所以，备孕期间最好少喝或者不喝咖啡。

有毒物质

避免接触环境污染物或有毒物质，如一些有毒物和液体、重金属、杀虫剂及限制的处方药品等。

如何提高精子和卵细胞活力

高质量的精子、卵细胞是孕育健康宝宝的基础，提高精子、卵细胞活力从备孕开始。

精子需要多些关爱

高质量的精子需要充足的营养，尤其是蛋白质和锌。合理补充蛋白质和锌，有助于调整男性内分泌，提高精子的数量和活力。但不能过量摄入，在正常饮食的基础上适量增加即可。

坚持运动。运动可以促进血液循环，不仅能使身体机能保持比较好的状态，也能促使产生高质量的精子，最好选择游泳、跑步等有氧运动，每天运动30分钟为宜。

此外，禁欲超过5天以上会导致精液增加，精子质量降低，所以备孕期间最好不要长时间禁欲。

影响精子因素早知道

除营养外，高温、过度肥胖，以及时间也是影响精子质量的重要因素。35℃是睾丸最适宜精子生长的温度，超过此温度容易损伤精子，而过度肥胖也易导致睾丸温度高，不利于精子生长。此外，精子的产生至成熟大概需要90天时间，所以要想让高质量的精子与卵细胞相遇，至少要提前3个月开始准备，3个月后正式进入备孕。

这样做可以提高卵细胞质量

1 适当运动。运动是为数不多可以改变身体状态的方式，保持适当的有规律的运动有助于促进身体素质的提升，保障卵细胞质量。

2 保持好心情。焦虑、压力等负面的情绪会影响体内激素分泌，导致内分泌紊乱，进而影响卵细胞成熟度及卵巢排卵能力。

3 避免过度劳累、熬夜。长期睡眠不足，不仅会影响免疫力，还会加速卵巢功能的减退。建议备孕女性养成晚上11点前入睡的习惯。

4 适当摄入大豆类。大豆、黑豆等食物含有大豆异黄酮物质，有助于平衡女性内分泌，有助于保持卵细胞良好状态。

5 多食用新鲜蔬果。新鲜蔬果中含有丰富的维生素，可以抗氧化，延缓细胞老化，使卵细胞保持较好的活力。

怀孕的征兆

月经停止

如果妻子的经期一向很规律，但这一次月经却没有按时到来，这时候可以让她自己先做一下早孕测试。如果月经并不规律，但她有恶心、胸部触痛以及频繁上厕所等怀孕的早期征兆，可能在她还没意识到自己月经没来之前，就预示着怀孕了。

凡是月经周期一向正常的育龄女性，如果月经过期超过10天以上，就应考虑到有怀孕的可能。

腹胀

怀孕早期激素的变化可能会让孕妈妈感到胀气。一些女性在经期到来之前，也会有这种感觉。

早孕反应

多数女性怀孕6周以后可出现头晕、乏力、嗜睡、唾液分泌增多、食欲不振、恶心呕吐等现象，呕吐多在清晨、空腹时发生。

排尿增多

由于子宫增大后压迫和刺激膀胱引起尿频，12周以后膀胱不再受压迫和刺激，尿频症状自行缓解。

乳房变化

在雌激素和孕激素的共同刺激下，乳房逐渐长大，乳头和乳晕颜色加深，乳头周围有深褐色结节等现象。

疲倦

孕妈妈在孕早期会突然感到疲倦。怀孕会让全身紧张，所以，孕妈妈会感觉特别累。恶心和呕吐也会消耗精力。如果因为尿频需要频繁起夜上厕所，那么孕妈妈还会因为睡不好觉而加重疲劳感。一旦进入怀孕中期，孕妈妈就会开始感到精力比孕早期更充沛，但是到了怀孕晚期，疲倦感通常会再次出现。

以上这些怀孕的症状，准爸爸可以帮助孕妈妈对照着分析一下，来初步判定是否怀孕。但是，这绝对不是完全准确的方法，还需要到医院进行检查。

早孕试纸的使用

当然，如果在去医院前，自己在家使用早孕试纸，也就能快捷地测知是否怀孕。

早孕试纸使用方法

只需将妻子的尿液收集在一个小瓶中，手持试纸一端，将另一端浸入尿液 20~30 秒，平放一分钟后若出现两条紫红色线，即是怀孕，出现一条紫红线即表示未孕。这种测早孕试纸，在受孕第 7 天后即可测出阳性——有孕。

使用早孕试纸怀孕自测的工作原理是检测 HCG 值，即人体绒毛膜促性腺激素的值。这种激素是由胎盘组织制造的，一般在怀孕几天后它就会出现在尿液里，但由于量少，开始不易测验出来，直到 10~14 天才日益明显（通过验血也可测得 HCG 值，而且要准确得多）。时间太早和太晚检测效果都不好。

结果受月经周期影响

HCG 一般在受精卵着床几天后才出现在尿液中，而且要达到一定量才能被检出。因此，对于平时月经正常的女性需在月经推迟后才可能在尿中检测出 HCG。而月经周期长或排卵异常的女性需在停经 40~44 天的时候才可能检测出。

使用晨尿

一般建议用早晨的第一次尿液检测对于刚刚怀孕的女性，结果更准确。但对于已怀孕一段时间的女性，一天中的任何时刻的尿液均可用于检测。

从同房到怀孕一般需要 7 天左右的时间，也就是说，相当于同房后 7 天即可检测是否怀孕。

准爸爸日记

你用“两道杠”通知了我们你的到来。我的心情由惊喜到焦虑再到大喜，我幻想着你“出来”的那一刻竟有点热泪盈眶。无论怎么样，欢迎你来到这个世界，也希望你一直喜欢这个世界，从今天起我会陪着你的妈妈，记录下你的点点滴滴。

当然，以上的一些早孕症状，都是怀孕的多种表现，但不是怀孕所特有的表现。是否怀孕，最准确的办法是到医院做绒毛膜促性腺激素试验、妊娠试验和 B 超检查。

宝贝，到那时候见吧。

“好孕”后，孕妈妈身体里的变化

受孕成功后，虽然孕妈妈没有任何感觉，也看不出身体有什么变化，但是在孕妈妈的身体里，相遇的精子和卵细胞却正在发生着巨大的变化。

从怀孕的那一刻起，孕妈妈的身体就开始进行调整和变化，以便培育体内正在生长的宝宝。

卵细胞受精后即开始有丝分裂，这种分裂的速度可以以小时计。一般，受精卵在36小时后分裂为2个细胞，72小时后分裂成16个细胞，因为形状似桑葚，被称之为桑葚胚。桑葚胚继续分裂，并向子宫蠕动。

受精后第4日，细胞团进入子宫腔，并在子宫腔内继续发育，这时，细胞已分裂成48个细胞，成为胚泡准备植入。胚泡可以分泌一种激素，帮助胚泡自己埋入子宫内膜。受精后第6~7日，胚泡开始着床。着床位置多在子宫上1/3处，意味胚泡已安置，并开始形成胎盘，孕育胎儿了。到此时，基本是受孕后的第11~12天。此时还不能称之为胚胎。

胚泡不断通过细胞分裂和细胞的分化而长大，一部分演变为胚外膜，发展成为日后的羊膜、胎盘和脐带，为胎宝宝与母体进行物质交换做好准备；一部分发展成为胚胎，继而成长为胎宝宝。一般医学规定，受孕后的第3~8周是胚胎时期。

你得做点啥

在孕1月里，你们有可能还不知道已经成功受孕的好消息，但将来宝宝所有的一切将在此刻起步，所以依然要保持备孕时期的好习惯。可以适当和孕妈妈一起多吃一些新鲜的蔬菜、水果，补充维生素的同时，也有助于孕妈妈保持愉悦的心情，这对以后胎宝宝的成长可是非常有益的。

给准爸爸讲科普：怀孕多久可以验孕

最快的方法是血 HCG 检查，同房后 8 天可做，自测最早可在同房 11 天后。

HCG 检查是目前最早、最准确测试是否怀孕的检查方式。HCG 即人绒毛膜促性腺激素，是由胎盘的滋养层细胞分泌的一种糖蛋白，可通过孕妈妈血液循环而排泄到尿中。即只有胚泡植入子宫，且经过细胞分裂、分化成为胎盘后，才能分泌 HCG。

怀孕 1~2.5 周时，孕妈妈血清和尿中的 HCG 水平即可迅速升高，并一直保持持续增高到孕期的第 8 周，达到高峰，然后缓慢降低浓度直到第 18~20 周，此水平会维持到妊娠末期。

所以在同房 7~8 天后，可通过检查血液中 HCG 含量，来确定是否怀孕成功；如果用早孕试纸或者验孕棒，则最好是在 11 天后。

早孕试纸准确率高吗

无论是验孕棒，还是早孕试纸，只要使用方法正确，准确率都相当高。

不过，这种方式的验孕还需考虑到验孕的时间、尿液中 HCG 的水平、月经的准确度、操作是否正确等因素影响，所以最好配合医生的检查，才会更准确。

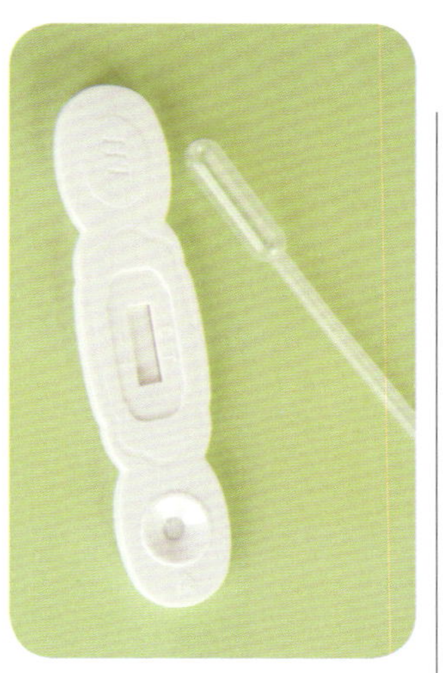

早孕试纸上一深一浅代表什么

孕妈妈在使用早孕试纸时，经常会遇到一深一浅的显色情况，这令孕妈妈很疑惑。其实早孕试纸的显色结果与孕妈妈尿液中 HCG 水平有关，而通常早孕试纸的显色有 4 种情况。

1 早孕试纸上出现两条线，即对照线和检测线都显色，且检测线明显、清晰：基本上可以确定怀孕，但还需去医院检查血 HCG，以确定早孕结果。

2 早孕试纸上只出现一条对照线：表示没有怀孕。

3 早孕试纸 5 分钟内无对照线出现：表示试验无效或失败。

4 早孕试纸上出现两条线，但是检测线很浅，则表示怀孕成功与否的概率各有 50%。可以隔两天再次检测，如果检测线变得清晰，则可以消除疑虑。

孕 1 月吃什么好

孕 1 月虽然横跨了备孕与孕育两个阶段，但此时孕妈妈营养需求与孕前并无太大差别，所以不必在饮食上过于改变。不过，怀孕后毕竟与以往不同。2018 年 1 月中国营养学会发布了《中国备孕妇女平衡膳食宝塔》，对孕 1 月的孕妈妈饮食具有一定的指导作用。在这个特殊时期，孕妈妈可以根据自己饮食情况，结合“膳食宝塔”进行调节。

备孕妇女平衡膳食宝塔

层级		食物类别	补充量	备注
第 5 层		加碘食盐	< 6 克	——
		油	25~30 克	——
第 4 层		奶类	300 克	——
		大豆 / 坚果	15 克 /10 克	——
第 3 层	肉禽蛋鱼类（130~180 克）	畜禽瘦肉	40~65 克	每周 1 次动物血或畜禽肝脏
		鱼虾类	40~65 克	
		蛋类	50 克	
第 2 层		蔬菜类	300~500 克	每周 1 次含碘的海产品
		水果类	200~350 克	
第 1 层	谷薯类（250~300 克）	全谷物和杂豆	50~75 克	——
		薯类	50~75 克	
其他		水	1500~1700 毫升	——

孕 1 月膳食指南关键推荐

孕期的营养是随着胎宝宝的成长而变化的，备孕期间及孕 1 月吃好是为了给日后胎宝宝的快速成长打好基础。中国营养学会建议备孕女性在一般人群膳食基础上，还要特别注意以下 3 条关键原则：

1. 调整体重至适宜水平。体重指数（BMI）在 18.5~23.9 之间，并维持适宜体重，是最佳的孕育新生命的生理状态。BMI 过高或者过低都不利于胎儿成长。

BMI= 体重（kg）÷ 身高 ^{2}（m）

2. 多吃含铁丰富的食物，选用加碘食盐，孕前 3 个月开始补充叶酸。孕期对铁、碘等元素的需求将会增加，从备孕及孕早期开始以食补的方式进行补充，有助于增加体内铁、碘储备，预防孕期出现缺铁性贫血、缺碘等情况。

3. 保持健康的生活方式，禁烟戒酒。

怀孕了，还需要补叶酸吗

女性即使在怀孕后，也应持续补充叶酸。

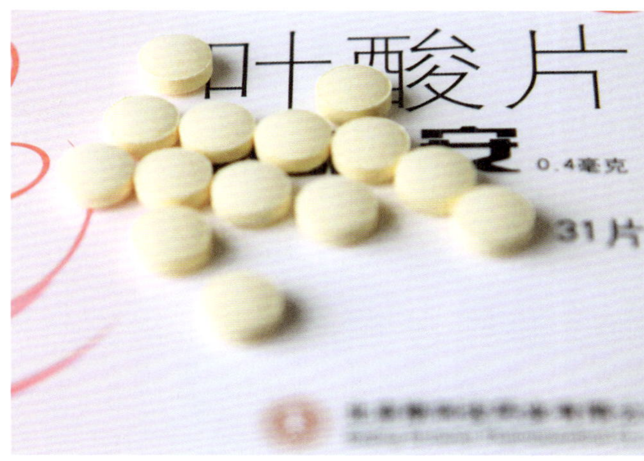

叶酸在DNA合成、甲基化等方面发挥重要作用，是细胞增殖、组织生长与机体发育不可缺少的微量营养素。

有不少女性孕前并没有吃叶酸就已经怀孕了，而胎宝宝神经管分化发生在受精后2~4周及孕4~6周，医生也建议在知道怀孕的同时开始服用叶酸，同样可以起到一定的预防作用。通常，孕妈妈通过每日吃叶酸补充剂或者含叶酸的复合维生素的方式来补充叶酸，补充叶酸量为每日0.4~0.8毫克。

叶酸别乱补，过量有害

一般认为，无叶酸缺乏症的孕妇，每日服用叶酸的剂量0.4~0.8毫克。如果孕妈妈有叶酸缺乏所致的贫血症状，则可以在医生的指导下服用叶酸补剂。如果过量补充叶酸，会阻碍孕妈妈体内锌的吸收，也会影响胎宝宝发育。

不小心过量服用了叶酸补剂，怎么办呢？孕妈妈也不要太惊慌。目前认为，长时间大量补充叶酸，可能干扰锌的吸收，没有证据对胎宝宝造成损害，不需要过于紧张。可向医生说明情况，控制叶酸摄入，并按时产检。

日常饮食这样补叶酸

叶酸富含于新鲜的水果、蔬菜中。平时多吃一些新鲜的蔬菜、水果，尤其是深绿色的蔬菜，也能起到补充叶酸的作用。保证每天摄入500克以上新鲜蔬菜，尤其是300克以上的深绿色蔬菜，将大大降低叶酸缺乏的情况发生。

叶酸是水溶性维生素，稳定性差，通常蔬菜贮藏2~3天后，叶酸损失率可达50%~70%，因此补充叶酸要多吃新鲜蔬菜，最好随吃随买，不要吃久置的蔬菜。

烹饪方法尽量采用大火快炒的方式，煲汤等烹饪方法会使食物中的叶酸损失50%~95%。

一周科学营养餐单

根据中国营养学会发布的《中国备孕妇女平衡膳食宝塔》和《中国孕期妇女平衡膳食宝塔》，孕1月营养除了要补充叶酸外，还需要注意铁及碘的补充。除了缺铁性贫血和碘缺乏症的女性，需要在医生指导下服用铁补充剂和碘补充剂外，孕妈妈不要单独补充铁和碘，最好采用食补方式。

可以在孕1月的食谱中，适当加入动物肝脏、红肉等富含铁的食物，以及海带、贝类等富含碘的食物。

星期一

早餐
花卷
煮鸡蛋
牛奶
蔬菜沙拉

午餐
五谷饭
清炒油麦菜
甜椒牛肉丝

晚餐
蒸红薯
芹菜炒香干
海带排骨汤
凉拌西红柿

加餐
酸奶
苹果

星期二

早餐
杂粮粥
咸鸭蛋
凉拌莴笋
香蕉

午餐
蔬菜面
素炒西蓝花
香煎带鱼

晚餐
全麦馒头
蘑菇干贝汤
凉拌菠菜

加餐
牛奶
蓝莓

星期三

早餐
牛肉馄饨
凉拌芹菜花生
苹果

午餐
杂粮饭
香菇油菜
葱爆羊肉

晚餐
黑豆粥
水煮青菜
蒸扇贝

加餐
圣女果
小蛋糕

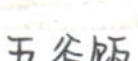

蔬菜沙拉

胡萝卜炒蛋

营养适当调整

孕1月营养不需要太大改变，在原有饮食习惯的基础上，注意营养均衡，保证每天都要摄入新鲜的水果、蔬菜。

星期四

早餐
牛奶麦片
煮鸡蛋
香蕉

午餐
全麦馒头
香煎三文鱼
蔬菜沙拉
山药排骨汤

晚餐
鸭血粉丝汤
凉拌海带丝
蚝油生菜

加餐
橘子
粗粮饼干

星期五

早餐
切片面包
乳酪
牛奶
蓝莓

午餐
芸豆紫米饭
西红柿牛腩
清炒西蓝花
香椿苗拌豆腐丝

晚餐
清汤面
胡萝卜炒蛋
素炒蘑菇

加餐
小紫薯
酸奶

星期六

早餐
煎馒头片
豆浆
荷塘小炒
橙子

午餐
什锦米粉
清炒荷兰豆
三杯鸡

晚餐
豆包
牛肉萝卜汤
素炒茼蒿

加餐
鸡蛋
大枣

星期日

早餐
蒸饺
紫菜蛋花汤
凉拌金针菇

午餐
米饭
桂花山药
熘肝尖
黄瓜老鸭汤

晚餐
玉米饼
海带豆腐汤
炝炒土豆丝
炒丝瓜

加餐
核桃仁
牛奶

营养素补起来

孕1月适当增加富含铁、碘的食物，有助于为胎宝宝日后成长打下良好的营养基础。

第3周

可适当补铁，动物血、肝脏及红肉中铁含量及铁的吸收率较高，可保持每天摄入畜瘦肉50克。

第4周

除选用碘盐外，还应每周摄入1次富含碘的海产品，如海带、干贝、深海鱼等。

第二章 孕2月

大多数孕妈准爸都是在孕2月的时候，开始得知怀孕的消息，在高兴之余，也会有点小紧张。有的孕妈妈可能会出现孕吐，准爸爸在担负起孕妈妈营养大任的同时，也需要了解孕妈妈的心情，让孕妈妈保持好心情。

胎宝宝的样子

这时宝宝的生长发育已由分化前期（受精到形成胚卵）进入分化期（器官形成期），即受精后的15~56天是胚胎器官高度分化和形成期。

第5周：形成胚胎。小胚胎长约0.6厘米，苹果子一样大小，外观像个“小海马”。胎儿在这个阶段还不能叫胎儿，只能叫胚胎或胎芽。

第6周：心脏跳动。胚胎成长迅速，心脏开始划分心室，并进行有规律的跳动及开始供血。胎儿的细胞仍在迅速分裂。肾和心脏的雏形已经发育，神经管开始连接大脑和脊髓开始发育。

第7周：胚胎长约12毫米，大头与身体不成比例。面部器官已可分辨，眼睛未长成但非常明显，鼻孔大开，耳朵略凹陷。手、脚及四肢幼芽初成，肌肉纤维和垂体已经发育。此时还听不到胎心音，但胚胎的心脏已经划分成左心房和右心室，每分钟大约跳150下。

第8周：脑部发育。胚胎长约有20毫米，器官已有明显的特征，手指和脚趾间有少量的蹼状物。胚胎的各种复杂的器官都开始成长，牙和腭开始发育，耳朵在继续成形，胎儿的皮肤很薄，血管清晰可见。

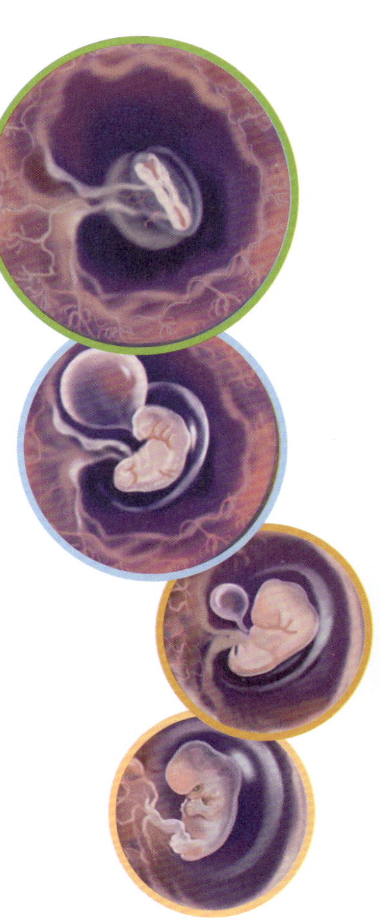

你得做点啥

从这个月开始，有些敏感的孕妈妈会出现早孕反应，有个别准爸爸也会出现类似的反应，这在医学上称为“妊娠伴随综合征”，准爸爸要有心理准备。

由于早孕反应，孕妈妈脾气、习惯可能会发生改变，容易发脾气，要多体谅她，多抽出时间陪伴她。

由于身体的变化，孕妈妈对性生活也没往常热衷，准爸爸要体谅妻子。

给准爸爸讲科普：激素

都说女人一怀孕，情绪变化很大，医生说那是激素“惹的祸”。

孕激素是促进女性附性器官成熟及第二性征出现，并维持正常性欲及生殖功能的激素。

孕激素是由卵巢的黄体细胞分泌，以孕酮（黄体酮）为主。在肝脏中灭活成孕二醇后与葡萄糖醛酸结合经尿排出体外。孕激素往往在雌激素作用基础上产生效用，主要生理功能为抑制排卵，促使子宫内膜分泌，以利受精卵植入，并降低子宫肌肉兴奋度，保证妊娠的安全进行。促进乳腺腺泡的生长，为泌乳作准备。

如何补充孕激素

可以多吃全麦食品、豆类和蔬菜，增加人体代谢途径，减少乳腺受到的不良刺激。控制动物蛋白摄入，以免雌激素过多，造成乳腺增生。植物性雌激素广泛存在于豆类、谷类、水果、蔬菜等食物中，不仅易得而且安全。可多食用大豆、小麦、黑米、扁豆、葵花子、洋葱等，以补充体内的雌激素。

孕激素的主要作用

1 使经雌激素作用而增生的子宫内膜出现分泌现象，宫颈黏液变得黏稠，精子不易通过。此外，还可以抑制母体的免疫反应，防止母体将胎儿排出体外造成流产。

2 抑制输卵管的蠕动。

3 逐渐使阴道上皮细胞角化现象消失，脱落的细胞多蜷缩成堆。

4 促使乳腺小泡的发育，但必须在雌激素刺激乳腺管增生之后才起作用。

5 有致热作用，可通过中枢神经系统使体温升高约0.5℃（提高体温调定点）并在黄体期维持高温，使得体温呈双相变化，可以通过对基础体温的检测来检测排卵（BBT）。

6 促使体内钠和水的排出。

7 通过丘脑下部抑制垂体促性腺激素的分泌。

孕激素与雌激素既有拮抗作用又有协同作用。孕期此两种激素在血中上升曲线平行，孕末期达高峰，分娩时子宫的强有力收缩，与孕激素和雌激素的协同作用有关。

确认怀孕检查早知道

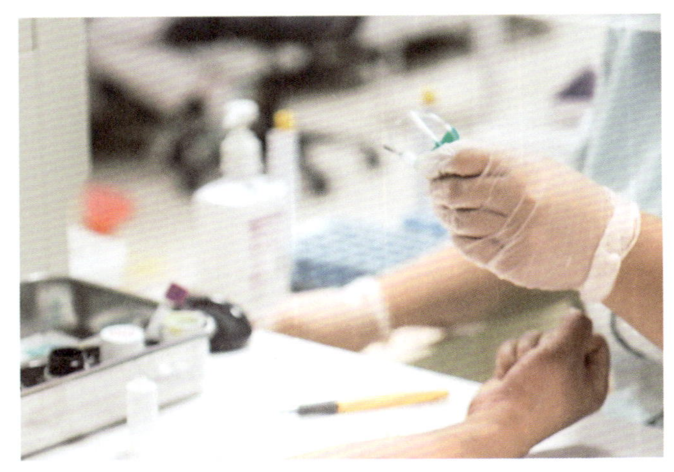

确认怀孕检查

一般来说确认怀孕的流程基本是早孕试纸→血HCG检查/尿妊娠酶化验→B超检查。早孕试纸是自测，到医院确认怀孕基本上是血HCG检查或尿妊娠酶化验，以及B超检查。其中血HCG检查是准确率最高的早孕期间确认怀孕的方法。

B超检查在确定妊娠位置及胚胎发育状况方面有着不可替代的作用，千万不要忽略孕期的第一次B超检查。

血HCG检查与尿妊娠酶化验区别

血HCG检查和尿妊娠酶化验都是通过检查体内HCG水平而确认是否怀孕的一种方法。尿妊娠酶化验的作用机制与早孕试纸类似，一般用作初筛，而血HCG检查准确率比较高，是目前大多数医院采用的早孕诊断方法。

确认检查时间

血HCG检查可在早孕试纸检测出阳性之后进行，所以从同房后七八天就可以进行血HCG检查确认是否怀孕了。最早的B超检查可在停经37天后，确定妊娠、妊娠位置、胎数等。

什么是早孕两项

早孕两项是指检查血液中HCG和孕酮水平的检查，根据这两项数值可以推测胚胎发育状态，对于某些不利情况，有助于及早预防。

早早孕与B超

怀孕确诊时，尤其是早早孕判断时，一般不采用B超方式进行确认，血HCG检查更加准确。如果血HCG检查结果数值在正常范围内，且孕妈妈没有腹痛、出血等症状，一般会在孕45天左右进行B超检查。若血HCG检查结果数值异常，或者孕妈妈有腹痛、出血等症状时，医生一般会在检查时开具B超检查。

早孕两项，孕酮到底查不查

早孕两项是指绒毛膜促性腺激素（HCG）和孕酮检查。

为什么要查孕酮

孕酮，又被称之为黄体酮、孕甾酮，主要起着保护女性子宫内膜作用，在女性怀孕期间，孕酮可以给胎儿的早期生长及发育提供支持和保障，而且能够对子宫起到一定的镇定作用。简单说来，孕酮指数的高低预示着胚胎的稳定状况。

大部分医院在确认怀孕时会进行血 HCG 检查和孕酮检查。根据同房时间，如果确认怀孕时在孕 6 周后，基本上血检就会查血液中 HCG、雌二醇、孕酮水平，如果是早早孕确认，可能检查单上不会有孕酮指标。

怀孕多久查孕酮

一般在孕 6~12 周之间查孕酮，血清孕酮水平 > 25 纳克 / 毫升，是绒毛生长良好的表现，无需再次检查。孕 12 周后，孕酮由滋养层内的胎盘形成，孕激素合成能力上升，并维持在稳定状态，检查孕酮的意义不大，可以不必查。

但是如果孕酮偏低，且孕妈妈有出血，或者有褐色分泌物出现，应根据医嘱，建议 7~10 天再进行一次激素检查。

每个人都必须查孕酮吗

孕酮并不是孕期必查项目。一般来说，身体健康的女性不用特别查孕酮，但对于一些长期月经周期不正常的女性，或者过去有流产史、宫外孕的女性，以及在孕早期出现出血、腹痛等不适症状者很有必要做孕酮检查。

准爸爸日记

亲爱的宝宝，从得知你的到来，我就惊喜不已，医生说这个月你会从一颗苹果子长成一颗小葡萄，你很努力地在长大。听到这些话，你没办法体会到爸爸我的欣喜和骄傲——不愧是我的宝宝。但是宝宝啊，革命尚未成功，你仍需努力，努力成长，爸爸妈妈也在努力加油，让妈妈有个好身体，让你“住”得更加舒服。

我和你的妈妈今天终于从医生这里确认你的到来，妈妈检查了 HCG、孕酮和雌二醇，数值显示很好呢。我的宝宝，期望你能顺顺利利、健健康康长成一个“真正”的宝宝。

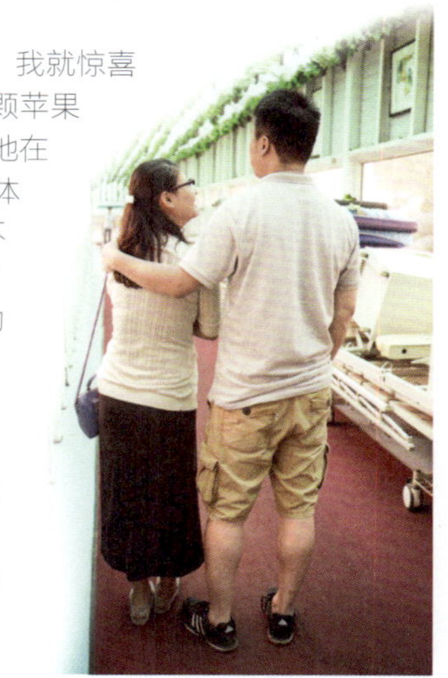

读懂 HCG、孕酮检查单

在孕早期的检查中，HCG、孕酮是医生最常提的判断数据，孕妈准爸也常会因这两项值稍微异常担心不已，其实了解医生判断的依据，或许就不会那么担心了。

孕酮正常，HCG 数值翻倍： 这种情况出现概率非常少，而且也不能仅凭一两次检查就判定胚胎发育状况。一般说来，只要 HCG 数值上去了，但是不上万，增长也没有翻倍，那么可以再观察看看；若 HCG 数值已经过万，但是数值增长翻倍不那么快的情况，那则是正常的。

孕酮正常，HCG 数值翻倍但有点低： 出现这种情况时，往往需要再次检查，若发现 HCG 数值始终在一个区间，没有大增长，那么有可能胚胎发育并不好，也不建议保胎。

HCG 数值翻倍很好，孕酮下降： 说明胚胎是在正常发育，这个情况就静养，尽量躺着，只要孕酮不是特别低，不补充也是可以保胎的。

孕酮下降，HCG 数值翻倍不增： 若孕酮下降，HCG 数值不翻倍反而下降，意味着胚胎发育不好，一般不建议保胎。如果强行保胎，可能日后胎儿也将面临更多考验。

以上仅为一般分析，具体情况还要依据个人差异和医生建议而定。

你得做点啥

陪在孕妈妈身边，不只是人陪在身边，还要想孕妈妈之所想，和孕妈妈一起解决问题。

和孕妈妈一起了解孕酮、HCG 等知识，不要让孕妈妈感觉是一个人在努力。

陪孕妈妈检查，准爸爸要担起大责，详细了解医嘱，帮助孕妈妈遵循医嘱，安抚孕妈妈的情绪。

给准爸爸讲科普：孕酮低怎么办

对于孕酮检查，在医学界尚存在争议，所以对于出现孕酮低的结果，一般也存在两种处理办法。

孕酮结果 <5 纳克 / 毫升则是提示着妊娠状况不佳，孕酮结果介于 5~25 纳克 / 毫升之间，多会被告知孕酮有点低，但是这并不意味着就会出现问题，需要进一步地等待了解。

因为孕酮检查的数值结果有一定的误差性，所以一般有少量出血，或者有过自然流产史的孕妈妈，检查孕酮，若出现数值较低，则会采取保胎措施，即采用补充孕激素的方式进行。

如果是身体健康的早孕期女性，没有出血、腹痛等症状，一般采取继续观察的方式，不用必须进行孕激素补充治疗。

千万别自行补孕激素

必须强调孕酮并不是判断胚胎发育状态的唯一标准，孕酮需与身体是否出现其他状况，以及 HCG、雌二醇等检查结果一起判断，而且所谓的孕酮低也并不意味着必须要补充孕激素，所以孕妈妈千万不要自行进补孕激素。即使孕酮指数偏低，也应在医生指导下补充孕激素。

孕酮低可以这样吃

1 大豆和黑豆中含有的大豆异黄酮物质，有弱调节激素作用，孕早期可以适当进食大豆、黑豆及其制品。

2 每人每天应食用大豆 10~20 克，20 克大豆分别相当于 100 克豆腐、40 克豆腐干、400 毫升豆浆、350 克豆腐脑和 15 克腐竹。

3 尽量食用大豆及黑豆制品，如豆浆、豆腐、豆腐脑等，不要或者少直接食用大豆、黑豆。

4 食用新鲜的水果、蔬菜，补充维生素 C。丰富的维生素 C 有助于促进血液循环，调节人体机能，帮助铁质吸收，提振精神，对孕妈妈健康也很有好处。

5 补充维生素 E。坚果中含有丰富的维生素 E，孕妈妈可适当食用，有助于调节体内激素水平。此外，食用油如花生油、玉米胚芽油、葵花子油中也含有丰富维生素 E，烹饪时可适当使用。

孕 2 月孕妈妈的身体变化

体重

孕 2 月孕妈妈的体重大多没有变化，有的孕妈妈还会因为出现孕吐等反应，致使体重下降。本月孕妈妈的子宫大小像颗柠檬，而且变得柔软，腹部还看不出变化，但阴道壁及子宫颈因为充血而变软，呈紫蓝色。

此时孕妈妈正在经历身体、心理的重大变化，准爸爸要多关心孕妈妈。

乳房

乳房会有轻微的胀痛感，会觉得内衣稍稍变紧一些了，这是由于孕激素分泌刺激乳腺组织为将来哺乳做准备。

皮肤的变化

由于激素的原因，孕后油脂分泌比以往多，所以有的孕妈妈可能会出现痘痘，有的孕妈妈也有可能以前有痘痘，现在反而没有了。有的孕妈妈在面部、乳房、腹白线及外阴处皮肤，会有不同程度的色素沉淀。

阴道分泌物增加

受骨盆腔充血与孕激素分泌旺盛的影响，盆腔内内脏血液聚集，阴道分泌物比平时略增多，颜色为无色，或橙色或淡黄色，有时浅褐色，并时而出现外阴瘙痒及灼热症状。

出现恶心

在怀孕的第 6 周，孕妈妈常会出现食欲不振、恶心等症状，这都是孕早期的正常反应，有很多可能的原因导致这种情况，如孕激素水平的迅速升高；怀孕期间嗅觉和对气味的敏感度提高了；肠胃变得脆弱，对各种变化更为敏感等。

情绪

怀孕初期，HCG、孕酮等孕激素持续旺盛分泌，体内激素水平出现较大的变化，孕妈妈会在孕 6~10 周初次经历这些变化，身体、心理都在适应中，因此孕妈妈可能会有莫名的情绪波动，如比以往更容易感觉焦虑、烦躁等。这些都是怀孕期间的正常反应，不要陷入负面情绪中不能自拔。

这样做缓解孕吐

孕早期有 70%~80% 的孕妈妈出现孕吐，一般在孕 6 周出现，孕 12 周左右消失。

巧用口味变化缓解孕吐

酸、辣、甜等口味有刺激食欲，提高消化酶活力的作用，在孕 2 月出现孕吐的日子里，可以随时为孕妈妈准备一些这样口味的食物，如话梅、柠檬汁、酸奶、西红柿等。如果孕妈妈喜欢吃辣的，可以在烹调饮食时，做偏辣的。对有的孕妈妈来说，甜饮料有很好的镇吐作用，只要有效，也可以适当饮用。

总之，在这个特殊的时期，无论是什么口味，只要孕妈妈想吃就吃，即使这种想吃的想法是转瞬即逝，准爸爸也要及时帮孕妈妈准备。同时要避开令孕妈妈感觉不适的味道。

补充维生素和锌

缺乏维生素 B_6 和锌会感觉格外恶心，维生素 B_6 在麦芽糖中含量最高，每天吃 1~2 勺麦芽糖不但可以防治妊娠呕吐，还可以使孕妈妈精力充沛。富含锌的食物包括牡蛎、动物肝脏、粗粮、鱼、肉、蛋等。

少食多餐

有的孕妈妈孕吐时不想吃东西，但是胃空着，反而会加重孕吐，所以从孕 2 月开始，孕妈妈可以提前准备一些小零食，苏打饼干、蔬果等随时备着，每隔 3 小时吃一点。正餐则可以吃七分饱，以免加重孕吐。

准爸爸日记

这个月你的妈妈开始遇到怀孕的第 1 个挑战——孕吐，看着她吃什么吐什么，有时候连喝口水都会吐的样子，我却什么也做不了，很心疼。听周围的妈妈们说，孕吐只能通过饮食缓解，除了坚持，没有特别好的办法，但是我想说：亲爱的老婆，我会一直在你身边，有任何不舒服，都要告诉我。还有宝宝啊，你要乖一点，不要太折磨妈妈了，你要快快长大，和我一起照顾妈妈。

孕2月生活细节注意事项

怀孕早期是一个非常特殊的时期，此时刚刚形成的胚胎对外界的很多因素和刺激异常敏感，所以孕妈妈要小心，孕前的一些习惯也需要做些小改变。

尽量使用孕妇专用化妆品。

怀孕了，还可以化妆吗

以往建议孕妈妈最好不要化妆，原因是化妆品中含有铅、汞等重金属，影响胎儿健康；不过现在合格的化妆品大多不含铅、汞等，所以爱美的孕妈妈还是可以选择适合自己肌肤的护肤品、彩妆的。不过，由于激素分泌旺盛，孕妈妈的皮肤可能会变得比以往敏感，所以孕期选择护肤品时最好选择天然植物成分的，或者孕妇专用的。为了安全起见，孕妈妈尽量少化妆，护肤品选择也宜谨慎。

这些化妆品最好不要再用了

孕妈妈要避免使用指甲油、精油、香水等具有强烈气味的化妆品，以及口红等可能直接被食用的产品。此外，染发剂、化学防晒用品等因为含有复杂的化学物质，最好也不要使用，或者在专业医生指导下慎重选择。

暂时换掉高跟鞋

要开始穿平底鞋了，不要穿高跟鞋。穿高跟鞋时，前脚掌吃力，脚重心产生变化，在走台阶或者不平的路面时，可能会不小心踩空，造成意外。此外，长期穿高跟鞋容易产生腰痛、脚痛等不适症状，而且可能会改变骨盆的形状，对胎宝宝有影响。

衣着有讲究

过紧的衣裤会对子宫及输卵管的四周产生极大压力，引起血液循环不畅。当脱去过紧的衣裤时，输卵管的压力会减弱，但子宫仍会保持一段时间压力，不利于孕妈妈健康。此外，过紧的衣裤容易使肛门、阴道分泌物中的病菌进入阴道或尿道，引起泌尿系统感染。

孕早期宜正确站、走、坐

孕2月，孕妈妈还没有感受到身体的变化，生活也是依照以往习惯就好，但也需注意一些小细节。

站立

孕妈妈站立时，放松肩部，将两腿平行，两脚稍微分开，略小于肩宽、双脚平直，不要向内或向外。这样站立，重心落在两脚之中，不易疲劳。孕妈妈最好避免长时间站立。如果由于工作或生活原因，不得不长时间站立时，可以在站立时两脚一前一后站，并每隔几分钟变换前后位置，使体重落在伸出的前腿上，这也可以减少疲劳。或者每隔1小时，就走一走，促进腿部血液循环，减轻久站的酸胀感。

正确行走姿势

孕妈妈走路要注意安全。孕妈妈行走时要直背、抬头、紧收臀部，保持全身平衡，脚跟先着地，步步踩实，稳步行走。走路时，要看路，避开不平的地面，遇到地面有起伏或者有台阶的地方，要慢走，注意脚底。到孕中期后，孕妈妈腹部前凸，重心不稳又影响视线，很容易摔倒，故在行走时切忌快速急行，可利用扶手或栏杆行走。

坐姿

孕妈妈要养成良好的坐姿习惯，若以往经常有驼背、跷二郎腿等坐姿，导致腰酸背痛的情况在孕期会更加明显。

孕妈妈所坐椅子不应过高、过矮，应以40厘米为宜；最好选择带靠背的椅子。坐时先稍靠前边，然后移臀部于中间，尽量往后坐，把后背笔直地靠在椅背上。自然分开，大腿与地面成水平状，这样不易发生腰背痛。

怀孕也别太小心翼翼

孕期是女性生理健康的正常发展过程，要相信身体和胎宝宝会做出最好的选择。很多孕妈妈即使保持孕前的生活、饮食习惯，也生育了健康的宝宝。只要孕妈妈孕期生活规律，保持适量运动，避免不良的生活习惯和饮食习惯，比如大量摄入甜食等，按时产检，都会生育健康宝宝的，不必过于小心翼翼或害怕。

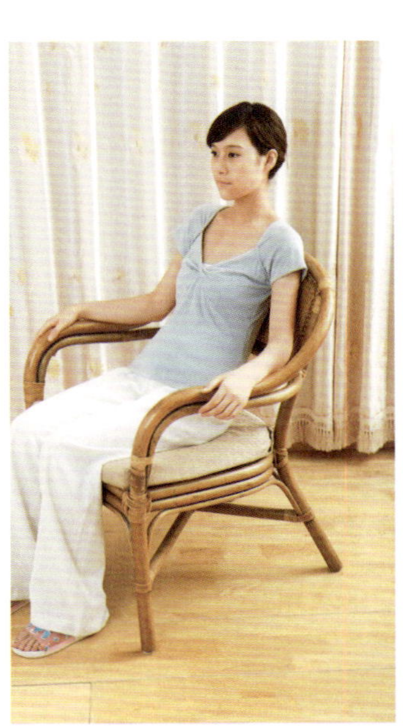

孕 2 月孕妈妈要吃点啥

孕 2 月，孕妈妈正处于恼人的孕吐反应中，现在的目标是只要能吃得下，孕妈妈想吃什么就可以吃什么，不必有特别的忌讳。饮食过程中，可以参考以下原则。

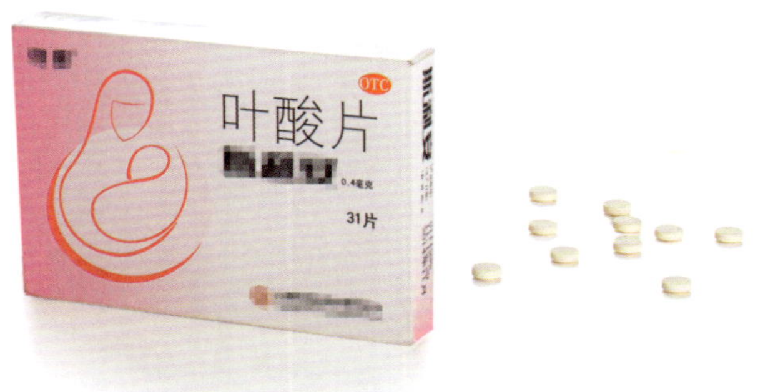

继续补充叶酸：孕早期是胎宝宝神经系统发育关键期，此时补充充足的叶酸，会大大降低胎宝宝发生神经发育畸形概率。按照医嘱，继续服用孕期叶酸，直到孕 3 月。

合理、均衡的营养摄入：孕妈妈和胎宝宝需要的七大营养素——蛋白质、碳水化合物、脂肪、维生素、矿物质、水、膳食纤维一个都不能少，最好以合理的比例每日摄入，如保证每天最基本的营养摄入为主食 300 克左右，其中最好包括 100 克左右的粗粮；肉类 80 克；蔬菜 500 克，最好有一半是深色蔬菜；饮用 6~8 杯水。

每天摄入点豆类：豆类不仅含有丰富的植物蛋白，还含有大量的可溶性膳食纤维，这对孕妈妈缓解孕期便秘也有一定的作用，每天摄入 50 克左右。

孕期体重增加范围的建议：

孕前 BMI ＜ 18.5，孕期宜增加 12.5~18.0 千克体重。

孕前 18.5 ≤ BMI ＜ 24.9，孕期宜增加 11.5~16.0 千克体重。

孕前 25.0 ≤ BMI ＜ 29.9，孕期宜增加 7.0~11.5 千克体重。

孕前 BMI ≥ 30.0，孕期宜增加 5.0~9.0 千克体重。

你得做点啥

本月孕妈妈孕吐导致身体、情绪都有很大变化，准爸爸要多体谅妻子，如帮助妻子准备可缓解孕吐的食物，和孕妈妈一起畅想宝宝出生后的模样等。

如果孕妈妈孕吐非常严重，可以带孕妈妈去医院检查，在医生的指导下缓解孕吐。

现在可以和妻子一起慢慢准备孕期和宝宝出生后的物品了。

多样化饮食，想吃啥吃啥

此时孕妈妈尽可能选择自己喜欢的食物，以刺激、增进食欲为宜。

孕2月，胎宝宝生长相对缓慢，所需能量和营养素并无明显增加，孕妈妈继续保持孕前多样化、平衡饮食，不需要额外增加食物摄入量。

多样化、平衡饮食是指各种营养素品种齐全，按照简单的规划，孕妈妈可每天进食20种以上不同食物，每种食物不必过多。尽量将生活中常见的食物囊括其中，以确保饮食营养的均衡。

适当摄入富含维生素C的蔬果

孕早期，孕妈妈可以适当有意识地多摄入一些富含维生素C的蔬果，一方面维生素C有助于膳食中铁的吸收与利用，可以缓解孕妈妈孕期缺铁状况；另一方面，富含维生素C的水果大多含有浓郁的水果清香，有助于缓解孕妈妈孕吐。生活中常见的富含维生素C的蔬果有黄瓜、西红柿、苹果、橘子、橙子、草莓等，孕妈妈可根据自己情况每天摄入200~400克。

多样化、均衡饮食怎么吃出来

1 在食物品种上尽量选择多种，但是在数量方面，不必一味求多。孕妈妈最好保证每天摄入20种以上的食物。

2 无需强迫进食。孕2月，若早孕反应明显，不必过分强调平衡膳食，也无需强迫进食。可根据个人的饮食嗜好和口味选用容易消化的食物。

3 想吃啥吃啥。受孕激素影响，孕妈妈口味、心情会随时变化，为了尽可能减少孕吐对身体的影响，孕妈妈此时想吃啥就吃啥，有想吃的，也可以立刻就吃。在这方面准爸爸要多体谅孕妈妈，并给孕妈妈准备充足的食物。

4 少食多餐。可采取少食多餐的形式，每天五餐或者更多，办公室或者随身携带的包里可多准备一些零食。

5 适当补充谷物，粗粮中含有丰富的B族维生素，有助于缓解孕吐。

一周科学营养餐单

孕早期的孕妈妈体重增长比较缓慢，所需营养与未孕时近似，所以饮食结构不用做什么新的调整，只要保证营养丰富全面、搭配合理就可以了。不挑食，保证全面营养。这个时期胎宝宝的主要器官开始全面形成，孕妈妈的饮食要能够满足胎宝宝的正常生长发育和孕妈妈自身的营养需求。少食多餐，减轻妊娠反应。

妊娠反应带来的恶心、厌食，影响了孕妈妈的正常饮食，可以通过变化烹饪方法和食物种类，少食多餐，来保证营养补充。

星期一

早餐
馒头
虾皮鸡蛋羹
凉拌黄瓜

午餐
黑豆饭
什锦烧豆腐
土豆炖牛肉

晚餐
花卷
苹果葡萄干粥
香菇豆腐
抓炒鱼片

加餐
芒果
核桃

星期二

早餐
鲜肉馄饨
生菜沙拉

午餐
米饭
鲜蘑炒豌豆
芦笋炒肉

晚餐
鸡蛋炒饼
香菇肉粥
清炒小白菜

加餐
苹果
甘蔗姜汁
花生

星期三

早餐
豆浆
蔬菜包
酱牛肉

午餐
米饭
醋熘豆芽
青椒炒肉丝
菠菜鱼片汤

晚餐
西红柿鸡蛋面
蒸扇贝

加餐
酸奶
橘子
腰果

虾皮鸡蛋羹

菠菜鱼片汤

拌海带丝

体重下降

有的孕妈妈因为食欲缺乏，体重还会出现轻微下降的情况，如果孕吐比较厉害，唯一的办法是能吃就吃。

星期四

早餐
排骨汤面
芝麻拌菠菜

午餐
蛋炒饭
拌豆腐干丝
玉米牛蒡排骨汤

晚餐
饺子
香干芹菜

加餐
橙子
开心果

星期五

早餐
糯米粥
虾肉包
圣女果

午餐
米饭
大丰收
西蓝花烧双菇
鱼头木耳汤

晚餐
清汤面
胡萝卜炒蛋
素炒蘑菇

加餐
火龙果
榛子

星期六

早餐
黑芝麻糊
拌海带丝
煎鸡蛋

午餐
烧饼
糖醋莲藕
清蒸排骨
西红柿蛋花汤

晚餐
二米饭
牡蛎炒生菜
花生猪蹄汤

加餐
菠萝
南瓜子

星期日

早餐
牛奶麦片
葡萄干
鸡蛋

午餐
鸡丝面
蒜蓉茄子

晚餐
米饭
芝麻圆白菜
红烧带鱼

加餐
香蕉
鲜柠檬汁

营养素补起来

这个月是胎宝宝器官形成的关键时期，孕妈妈应多补充蛋白质、碳水化合物、维生素和碘、锌、铁等。

第5周

胎宝宝神经系统和循环系统开始分化，需要增加牛奶、鱼、蛋和红绿色蔬菜的摄入。

第7周

胎宝宝面部器官开始发育，鱼、蛋、红绿色蔬菜、肝、动物内脏要列入每周的营养餐单中。

第三章

孕3月

进入怀孕的第3个月，孕妈准爸开始真切地感受到胎宝宝，孕妈妈将要接受第1次系统的产前检查，建立孕妇保健卡。从本月起，胎宝宝可以被真正称之为胎儿啦！

胎宝宝的样子

从本月起，胎宝宝真正开始有宝宝的模样了，身长能达到2~9厘米，胎重可达9~23克。“尾巴”已经完全消失，具备人形，而且成长速度越发惊人了。

孕9周：身长约2厘米，差不多有葡萄子般大小。胳膊开始变长，肘部能弯曲了，脚趾线开始形成，四肢更加明显。乳头清晰可见，性腺开始发育；胎宝宝眼睛的全部结构发育基本结束，眼睑已经形成；舌头、鼻尖、鼻孔和内耳半规管等五官细节发育更加细致。

孕10周：胎宝宝的身长大约有4厘米，有小金橘般大小。此时是胎宝宝大脑快速发育，心脏已基本发育完成；手腕和脚踝发育完成，并清晰可见，手指和脚趾间的蹼已经消失。头部开始变圆，皮肤开始生长。

孕11周：胎宝宝长到6厘米，大小像无花果。胎宝宝大多数器官组织都已经发育成型，脊髓等中枢神经的发育也非常发达了，脊柱的轮廓已经比较清晰。本周是胎宝宝骨骼形成、发育最为旺盛时期。

孕12周：胎宝宝长到9厘米。胎宝宝的手指和脚趾已经完全分离，软骨开始向骨骼发展，正逐渐变硬。心脏、肝脏、肾脏等器官都开始最初的工作。胎盘也已完全形成。

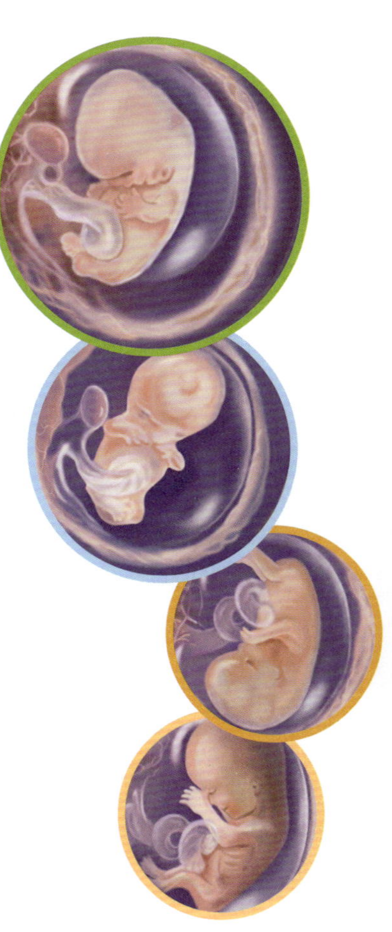

你得做点啥

准爸爸要多多关心孕妈妈的身体方面的健康，更要注意孕妈妈的心情状况。

准爸爸可以陪着孕妈妈适当地进行一些轻松的运动，如散步、做孕妇操；也可以给孕妈妈准备一些轻松欢快的音乐，和孕妈妈一起听。

孕妈妈上下班，准爸爸如果有时间，也可以接送，两个人在路上谈谈一天的见闻和遇到的事，对调节孕妈妈的心情非常有益。

给准爸爸讲科普：如何推算预产期

医学上规定，以孕妈妈末次月经的第一天起计算预产期，整个孕期共为 280 天。

由于女性月经周期的个体差异性，推算预产期要分 3 种情况。

明确同房日的预产期推算为，同房日加上 38 周，如 3 月 15 日同房，则预产期为：3 月 15 日 +38×7=12 月 7 日，则 12 月 7 日是预产期。

不明确同房日，但月经周期规律，月经周期在 28~32 天之间的孕妈妈预产期的简单算法为：末次月经第 1 天，月份减 3（或加 9），天数加 7。如孕妈妈的末次月经第 1 天为 3 月 23 日，那么预产期为：

月份：3+9=12，即 12 月；

天数：23+7=30，即 30 日。孕妈妈的预产期为 12 月 30 日。

对于记不清楚末次月经或者月经周期紊乱的孕妈妈，预产期的推算则需要医生根据产检时胎宝宝大小、首次发现尿 HCG 阳性的时间、首次出现早孕反应的时间、妊娠早期的血 HCG 和超声检查结果进一步核对孕周和预产期。

预产期准不准

临床上将孕龄在 37~42 周的胎宝宝都称之为足月儿，这是由于每位女性月经周期长短不一，所以推测的预产期与实际预产期有 1~2 周的出入也是正常的。

根据临床统计，在孕 37~42 周出生的婴儿为 80%~90%。

要是预产期到了还没生怎么办

1 不要紧张，注意胎动。若胎动每小时少于 3 次或在 12 小时内少于 20 次或胎动减弱，则需马上到医院作进一步检查，医生会根据情况决定分娩时机。

2 继续进行产检。通过超声波检查确定胎盘成熟度、羊水量、胎宝宝双顶径等数据，随时和医生保持联系。

3 重新确定孕周。将孕早期的检查结果，如 B 超、血 HCG 水平、孕检中胎宝宝双顶径 / 股骨长，以及胎动出现时间等数值给医生，让医生再次核对孕周。

4 预产期推迟 1 周内都不要紧张，密切关注胎宝宝情况，可加强产前检查，缩短产检间隔时间，B 超随访子宫内及胎宝宝情况。

5 若预产期推迟 14 天后，即临床上的逾期产，应及时去医院住院，在医生指导下采取措施。因为此时胎盘成熟度极高，胎宝宝出现危险的概率会增加。

孕 3 月孕妈妈身体的变化

体重

孕 3 月孕妈妈的体重没有什么变化，有的孕妈妈因为孕吐等原因，可能会有体重减轻的情况。不用担心，在度过了这段孕吐阶段，到孕中期后，孕妈妈的体重会逐渐增长的。

子宫

孕妈妈的子宫开始变大，胎宝宝像颗饱满的“李子”，孕妈妈的子宫变得像大拳头，子宫壁从现在开始要担负压力，开始变薄，宫颈会逐渐变厚，以保护子宫。孕妈妈的小腹会有微微鼓起的迹象。

孕吐

到了孕 3 月，孕吐依然存在，可能会是整个孕期反应最为严重的时间。孕吐一般出现在早上和晚上，孕妈妈可以通过吃点新鲜的水果，或者吃点梅子等方式缓解孕吐。孕妈妈再忍一忍，熬过这个月，孕吐就会大大减轻了。

孕妈妈要多注意自身的症状，有不适要及时说出来，也不要勉强自己去做比较困难的事情。

小便次数多

随着子宫的增大，压迫膀胱，使得膀胱容量减少，孕妈妈从本月起会出现小便次数变多，总有排不净尿的感觉。不过，这种感觉还不太明显，随着孕中期、孕晚期子宫的逐渐增大，这种感觉会越来越明显。

便秘

子宫变大还会挤压直肠，造成便秘，这也是正常现象。孕妈妈可以通过适当多喝水、多吃富含膳食纤维的蔬菜来缓解。

妊娠纹

随着子宫开始增大，腹部皮肤纤维的压力也在变大，为了预防妊娠纹的出现，从本月起，孕妈妈就要有意识地开始进行腹部皮肤保护，涂抹防妊娠纹的护肤品，坚持做腹部按摩等。

第 1 次产检

孕 11 周到 12 周就要开始孕期第 1 次全面的产前检查了，孕妈妈要提前做好准备。

第 1 次产检的时间

生活中，大多数女性通常会在孕 5~8 周做血检、尿检以及 B 超检查，以确定是否正常怀孕及孕囊状态，但真正意义上的第 1 次产检其实是在孕 11~12 周，最晚不要超过孕 14 周。

本次产检会对孕妈妈的整个身体状况做一个全面的基本检查，使孕妈妈、家人及医生对孕妈妈的身体状态和胎宝宝的情况有一个基本的了解，并为日后的产检提供数据参照。

当然，此次产检最为重要的一项还有建立“围产保健卡”，从而来保证孕期的每个阶段都能得到科学的健康指导。

第 1 次产检都检查啥

基础检查：身高、体重、血压，以及普通的内科检查，如听诊肺部、心跳；触诊肝脏、脾脏等。

妇科检查：了解阴道、宫颈情况；子宫大小，以及卵巢等其他附件检查。

辅助项目检查：血常规、尿常规、血型、白带常规；妇科疾病筛查，如细菌性阴道炎、性病等；心电图、超声波检查。

问诊：主要了解孕妈妈年龄、月经周期、第 1 次月经时间、末次月经时间，以及是否有生产史、疾病史或者家族疾病等。

第 1 次产检要准备什么

第 1 次产检需要办理“围产保健卡”，俗称“建档”。如有生育险的孕妈妈，需要到定点医院，提前准备好夫妻双方身份证、结婚证、社保卡、确诊怀孕的 B 超检查报告单等。

爸爸日记

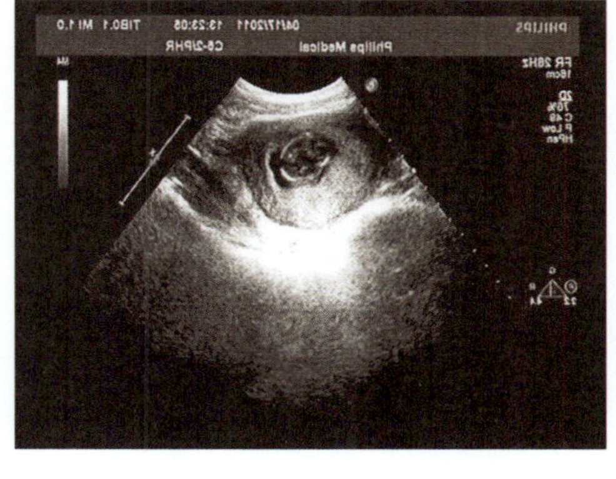

宝宝，今天爸爸第 1 次看见你的心跳了，有点神奇。医生指着超声波显示器告诉我和妈妈那是你的时候，说实话我不确定看到的是你。真的有点神奇，那么小小的一个黑点点，心脏跳动这么有力，看来你以后是个活力十足的小宝宝呢。你在妈妈的肚子里，要好好长大，不要太折腾妈妈，不知道你长得会像妈妈一些，还是会像我一些，很期待见到你呀！

重点检查项目：NT 检查

NT 检查是什么

NT 检查，即检查胎宝宝的颈项透明层，胎宝宝颈项透明层的厚度对筛查胎宝宝异常有重要意义。有研究发现，胎宝宝颈项透明层增厚在 3 毫米时，90% 为正常胎儿；若颈项透明层增厚达到 6 毫米时，异常的概率会大大增加。

NT 检查时间

正常胚胎发育过程中，颈部淋巴管与颈静脉窦在 11~14 周相通，在相通之前，少量淋巴液积聚在颈部形成颈项透明层。所以 NT 检查应该在孕(11~13)+6 周之间做，头臀长介于 45~84 毫米之间做。孕 14 周以后，随着胎儿淋巴系统发育逐渐完善，而颈后部皮下组织回声层逐渐消失，颈项透明层转化为颈后皱褶皮层。

NT 检查需注意事项

NT 检查需要采用 B 超检查，会要求孕妈妈憋少许尿，进食和饮水都不会影响检查结果。孕妈妈在第 1 次产检中，若有此项目，可以先将需空腹检查的项目做完后，再做此项检查。

检查期间需要胎宝宝配合，宝宝必须是侧身，位置不好则看不到颈项透明层。所以有时孕妈妈需要接受多次检查，也可能会在检查过程中，让孕妈妈出去溜达一会儿，吃点东西，再检查等。

NT 检查是筛查

NT 检查只是筛查，相当于“安检系统”，是早期发现胎儿异常的一种有效的影像学方法。数值厚度增加，只是表明出现异常的可能性增加，但并不意味着一定是，需要进一步检查。

NT 值异常

NT 值异常，先不要担心，可进一步进行相关染色体检查等，对染色体核型正常者，还需要密切追踪观察，排除有无先天性心脏发育异常及其他结构异常。具体相关检查可咨询就诊时医生。值得一提的是，有 80%~90% 的 NT 值异常胎宝宝是一过性病变，即如果胎儿没有任何染色体或心脏等问题，即便 NT 增厚也不代表有任何问题。

准爸爸要提前做好第 1 次产检功课

第 1 次产检是所有产检中项目最全的，对孕妈妈来说也是挑战，如果准爸爸能提前做好功课，孕妈妈将会省力很多。

了解产检 B 超知识

很多孕妈准爸担心孕期 B 超次数过多，影响身体健康，不知道 B 超到底做不做。其实 B 超是产检中判断胎宝宝状况的重要手段，所以一定是需要做的。一般怀孕期间 B 超检查需要 5 次左右。

第 1 次为孕早期，停经 37 天后，确定妊娠、妊娠位置、胎数，了解是否有合并症。

第 2 次在孕 11~13+6 周，测量胎儿颈项透明层厚度。

第 3 次在孕 20~26 周，大排畸。

第 4 次在孕 32~34 周，观察胎儿生长发育情况。

第 5 次在孕 38 周，观察胎盘及羊水情况。

产检医院选择有讲究

产检医院要根据孕妈妈的情况来选择，不过，若有高危妊娠因素，比如孕妈妈有妊娠合并高血压、糖尿病等，则尽量选择三甲医院。三甲医院多学科配合的特点会让孕期分娩更加顺利。有些孕妈妈对分娩有更高要求，如无痛分娩、导乐分娩等，就需要准爸爸事先了解医院的设施和规定，然后再做选择。

如果孕妈妈有肝炎等合并传染病，最好去传染病专科医院产检、待产，对孕妈妈胎宝宝更好；即使是在综合性医院产检、待产也要明确告知医生身体状况，让医生更好地了解孕妈妈身体状态，做好万全准备。

建议分娩、产检在同一医院

建议孕妈妈产检、分娩选择同一家医院，这样医院可以更全面、细致地了解到孕妈妈和胎宝宝整个孕期的健康状况，可以提前预防意外的发生，及时处理意外情况；同时由于医院床位往往比较紧张，也可以提前预约、了解床位情况，及时做好准备。

孕3月生活细节注意事项

孕3月是一段特别的时光，胎宝宝基本成型，此时孕妈妈养成良好的生活习惯，不仅会对自己健康有益，对胎宝宝的成长也非常好。

淋浴：由于怀孕期间，孕激素分泌旺盛，孕妈妈阴道环境改变，采取坐浴方式，水中的细菌、病毒易进入阴道，增加孕妈妈泌尿系统感染的机会，所以淋浴更好。而且洗浴时间不宜过长，以30分钟内为宜。水的温度也以孕妈妈感觉舒适为好。

清水清洗私处：孕妈妈会发现本月开始阴道分泌物增加了，有的孕妈妈还会感觉到外阴瘙痒及灼热，这也是由于孕激素作用，是正常现象，不必过于担心。此时使用清水清洗外阴，可缓解症状。

早睡早起：充足的睡眠是身体最好的休整方式。孕3月孕吐等早孕反应会令孕妈妈身体和心情处于疲累的状态，早睡早起可以缓解孕妈妈的这种状态，而且孕期规律的睡眠习惯，也有助于培养胎宝宝的好习惯。孕妈妈最好在晚11点以前入睡。

出行注意安全：此时孕妈妈还处于孕早期的危险期，乘坐公共交通出门时，最好避开交通高峰，提前出门；身上可佩戴孕妈妈徽章或者穿防辐射服，明确“孕妈妈”身份，或者请乘务员帮忙找座位，避免人多拥挤冲撞到孕妈妈腹部。乘坐私家车时，要注意车内清洁，保持空气流通。

你得做点啥

准爸爸做家务要从细微处着眼，多承担一些，让因早孕反应辛苦的孕妈妈多休息。

孕妈妈在孕期培养良好的生活习惯时，准爸爸不仅要在语言上支持、鼓励，最好和孕妈妈一起培养良好的生活习惯，让孕妈妈感觉到准爸爸是和自己共同度过这段特殊时光。

给准爸爸的建议：可以陪孕妈妈做的事

很多准爸爸很想陪孕妈妈，但是又不知道该做什么。

准爸爸高质量的陪伴是体贴她，为她做一些事，比如擦干孕妈妈洗浴后的湿发；为她准备喜欢的食物；和她一起给胎宝宝做胎教；和她一起手拉手谈论一下一天的所遇所闻，畅想未来的生活，会令孕妈妈感觉到生活的甜蜜。孕妈妈感觉幸福，身体健康，胎宝宝就会更加健康、顺利地成长。

为孕妈妈购买内衣

从孕3月开始，受孕激素的影响，孕妈妈的乳房开始变大，腰围也会随着子宫的变大而变得圆润，以往的内衣可能已不符合孕妈妈的身体了。此时准爸爸可以主动和孕妈妈一起购买适合孕期穿着的内衣裤，为孕妈妈购买孕妇装，让孕妈妈即使在孕期，也成为一个漂亮而幸福的女人。需要注意的是，孕妈妈应穿着纯棉质地的内衣，而孕妇装也应宽松。

一起晒晒太阳

1 孕妈妈晒太阳好处多多。晴朗的天气，温暖的太阳，对调节心情有神奇的作用。孕妈妈适当晒晒太阳，不仅可以调节孕吐带来的坏情绪，阳光中的紫外线还具有杀菌、消毒作用，有助于提高孕妈妈的免疫力。准爸爸若有时间和孕妈妈一起晒太阳，可令孕妈妈心情更愉悦。

2 只要天气允许，准爸爸就可以和孕妈妈晒太阳。冬天每天不少于1小时，夏季每天不少于30分钟为宜。

3 夏季尽量避免直晒，冬季则要视情况而定。南方的孕妈妈需要注意避免直晒，北方的孕妈妈可尽情享受阳光。

4 最佳晒太阳时间为上午9~10点和下午4~5点。北方冬季可以在阳光好的中午小晒1小时。

5 最好到室外晒太阳。紫外线无法进入室内，无法起到良好的效果。

6 晒太阳虽好，孕妈妈也不要晒太久，紫外线过强会伤害皮肤。过度晒太阳，可能会加重孕妈妈皮肤色素沉积情况。

远离对胎宝宝不利因素

远离“毒”环境

甲醛、苯氢或者工作生活中的化学制剂，如染发剂等，都会对孕妈妈的身体健康产生不利影响，同时也会影响胎宝宝的健康。怀孕期间，孕妈妈要尽量避免长时间处于这种“毒”环境中。新装修的房间以及新买的家具中大多含有甲醛等物质，孕妈妈最好避免入住新装修房子。

70分贝的音量相当于室内吵架时说话的音量；高速路旁边飞速而过的车声也能达到这个分贝。

远离噪声

噪声会导致孕妈妈和胎宝宝心跳增加，引起烦闷。孕妈妈宜尽量远离声音分贝在70分贝以上的场所。所以孕妈妈尽量不要到交通拥挤、人流量大的闹市区去，更不要去歌舞厅等喧闹嘈杂的娱乐场所。看电视、听广播时把音量调小。

远离高强度辐射

生活中辐射是难以避免的，一般在高辐射环境中停留时间越长，辐射对身体的影响便越明显。孕妈妈处于特殊时期，尽量远离长时间高强度辐射的机器或环境，如大型复印机、打印机、辐照设备等，以免对身体和胎宝宝产生伤害。

远离震动

对孕妈妈而言，严重的震动可能会导致流产，因此在孕早期，孕妈妈尽量不要坐飞机、船等可能会产生剧烈震动的交通工具。

远离杀虫剂、蚊香等

杀虫剂、灭蚊剂等含有菊酯物质，被孕妈妈大量吸入体内，有可能对胎宝宝神经造成损伤，为了安全起见，怀孕期间最好还是远离这些物质。

总之，在孕期不必过度苛求，但同时需要适当谨慎，避免那些对孕妈妈身体不好的，或者可能会产生不利影响的环境和物质即可。

孕3月有可能出现的不适及应对

随着孕周增加，有些孕妈妈可能会出现一些不适症状，不要担心，有些不适是正常现象。

自然面对嗜睡、忘事

孕早期，孕妈妈易疲倦、嗜睡，这是正常的，此时没必要硬撑，想睡就睡吧。孕妈妈可以选择在状态好的时间段把当天比较重要的工作完成，并把这个情况告诉领导及同事，获得他们的体谅。这种劳逸结合的工作方式，对胎宝宝和孕妈妈的身体有好处。

怀孕后孕妈妈会发现自己记忆力不如从前，请放轻松，这也是孕期的表现之一。孕妈妈可以利用小笔记簿来做备忘，或者关照同事提醒自己。

剧吐

有些孕妈妈早孕反应剧烈，持续出现恶心、频繁呕吐、不能进食、明显消瘦、自觉全身乏力等症状，这时就必须就医。剧吐会影响孕期的营养吸收，引起血压下降、尿量减少、脱水、电解质紊乱等不良反应，严重时会损害肝肾功能，影响胎宝宝的营养吸收和生长发育。缺乏经验的孕妈妈容易将此视为正常孕吐，往往想不到就医。

孕期头痛

在孕早期，与恶心呕吐一样，头痛也是一种早孕反应，这可能是休息不好、睡眠不足，或者是怀孕期间激素、血压等变化引起的。孕妈妈要保证足够的休息和良好的睡眠质量；头痛时可以卧床休息，并保证良好的营养摄入，一般头痛症状会有所缓解。如持续头痛，需要就诊，检查头痛的原因。

准爸爸日记

作为男性，即使再体贴似乎也无法体会到女性孕育的辛苦，看着老婆不舒服的样子，我很心疼，也很难受，作为准爸爸能做的太少了。老婆的孕吐一直很严重，带着老婆去医院，幸好遇到了产检时认识的医生，给了很好的建议。希望宝宝少折腾妈妈，让妈妈顺利地度过剩下的7个月。

孕3月孕妈妈要吃点啥

孕3月是胎宝宝发育关键期，也是早孕反应严重时期，此时饮食需要注重质量，多吃些容易消化而且清淡的食物。

继续保持营养均衡摄入：此时胎宝宝大脑、骨骼、肌肉发育需要优质蛋白质和钙、镁、磷、铁等矿物质，此时孕妈妈可在想吃的基础上，尽量多地涉及食物种类，以保证营养的均衡，肉类、蛋类、新鲜蔬菜、牛奶等，都可以摄取一些。

维生素E：孕3月是胎宝宝脑细胞迅速增殖的阶段，而维生素E是大脑发育不可缺少的营养物质，孕妈妈可通过多吃富含维生素E的食物，如玉米、核桃、葵花子、芝麻等，能为胎宝宝大脑发育提供助力。

仍需补铁：在孕早期，孕妈妈要持续补铁，尤其是身体本身比较瘦弱的孕妈妈，可以有效预防孕中期、孕晚期缺铁性贫血。可以适当吃一些瘦肉、鸡蛋、牛奶、动物内脏等，但动物内脏不宜多吃，每周最多2次。

维生素A：维生素A在胎宝宝的皮肤、胃肠道、肺部发育中起着重要的作用，但在怀孕的前3个月，胎宝宝自己还不能合成维生素A，需要通过孕妈妈摄取。孕妈妈平时可以吃一些南瓜、红薯、胡萝卜等富含维生素A或者维生素A原的食物，为胎宝宝健康成长“加油”。

你得做点啥

在怀孕这件事上，饮食是最能令准爸爸发挥的一项了，所以准爸爸一定要抓住机会，充分表现自己。

在遵从老婆意见的前提下，让老婆放松心情，想吃就吃，摄取足够的营养。在为老婆准备饮食时，根据老婆的喜好，尽量均衡搭配各种食材，让孕妈妈摄取全面营养。

要充分信任老婆，信任她有解决问题的能力，让她在心理上放松，做个快乐的孕妈妈。

孕妈妈粗粮要“细”吃

中国营养学会建议孕期适当吃些粗粮，粗粮中含有丰富的 B 族维生素，对缓解孕妈妈孕吐、提高免疫力有非常好的作用，但要注意粗粮吃法。

粗细搭配着吃。粗粮和精制米面搭配食用，最好煮粥或者磨成粗粮粉和面粉搭配食用。

摄入量控制在每天 50 克以内，基本上就是一天一把粗粮的量。孕妈妈此时有孕吐，而大量粗粮进入胃肠，丰富的膳食纤维会促进胃肠蠕动，可能会让孕妈妈更加不适，少量食用会更好。吃粗粮时间最好不要安排在晚上。晚上肠胃消化能力下降，吃粗粮会加重消化负担。

生活中常见的粗粮

小米、燕麦米、玉米、高粱、黄米、小麦仁，以及绿豆、红豆、芸豆等豆类，只要没有经过精加工的谷物，都可以作为粗粮。粗粮是指保留了粮食的表皮，而表皮中含有丰富的 B 族维生素。孕妈妈可以根据自己的喜好来选择添加粗粮。

巧吃藜麦和玉米

1 藜麦和玉米含有丰富的胚芽，尤其是藜麦，其营养特点之一是胚芽占比极高，所以深受营养师喜爱，孕妈妈可以适当食用，不仅口味较好，丰富的营养也会为孕妈妈、胎宝宝成长提供助力。

2 藜麦和嫩玉米口感非常好，可以和任何食材搭配，甚至煮熟后做沙拉。

3 都可以单独食用。煮制时，藜麦在滚水中煮沸 10~15 分钟，令其膨胀、籽粒变半透明后即可食用。嫩玉米则需要煮 20 分钟左右，软嫩，有浓郁的玉米香。

4 吃嫩玉米时，一定要将玉米粒尖尖部分纺锤形的嫩黄色胚芽吃掉，因其营养最为丰富。

5 可以用藜麦焖饭，但水量宜稍多一些。也可以蒸制，但需要提前浸泡两三个小时，可以和大米、豌豆、胡萝卜丁、香菇等一起蒸制五彩饭。

6 藜麦和嫩玉米还可以分别与南瓜、水果等打成浆食用，营养丰富，口感佳。

一周科学营养餐单

孕 3 月孕妈妈的营养基本和孕 2 月没有明显区别，继续保持均衡摄入，合理搭配即可，在这方面准爸爸和家人需要稍微费点心。孕 3 月是胎宝宝大脑、心脏、骨骼的快速发育期，孕妈妈可在均衡饮食的基础上，略微补充维生素、镁等矿物质，不必刻意补充，只需在饮食上略做调整。可适当吃点酸甜口味的食物，缓解早孕反应。

虽然本月早孕反应严重，但孕妈妈还应保证每天摄取至少 150 克碳水化合物，为身体及胎宝宝的成长提供必需的能量。

星期一

早餐
杂粮皮蛋瘦肉粥
凉拌素什锦
桃子

午餐
花卷
虾仁豆腐
糖醋莲藕
鱼头木耳汤

晚餐
青菜素面
凉拌西芹百合
荷包蛋

加餐
核桃
牛奶

星期二

早餐
煮嫩玉米
鸡蛋
素炒圆白菜
苹果

午餐
素炒二米饭
葱爆酸甜牛肉
上汤娃娃菜

晚餐
素馄饨
凉拌豆苗
韭菜炒虾仁

加餐
腰果
酸奶

星期三

早餐
猪血鱼片粥
凉拌小白菜
香煎三文鱼
火龙果

午餐
藜麦饭
蔬菜汤
杏鲍菇炒瘦肉
香椿苗拌核桃仁

晚餐
豆腐馅饼
甜椒牛肉丝
蘸酱菜

加餐
蓝莓
香蕉
酸奶

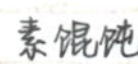
素馄饨

香椿苗拌核桃仁

西葫芦炒虾仁

坚持低钠饮食

由于胎宝宝血循环的增加，使得孕妈妈体内循环代谢改变，容易出现下肢水肿，注意培养低钠饮食习惯。

星期四

早餐
蒸南瓜
韭菜炒鸡蛋
蒸大虾
橘子汁

午餐
杂粮馒头
板栗烧仔鸡
凉拌西蓝花
红枣莲子银耳汤

晚餐
黄豆芝麻粥
桃仁鸡丁
海带豆腐汤
开心果

加餐
黄瓜
煮玉米

星期五

早餐
西红柿鸡蛋面
煎豆腐
炒豆芽
橙子

午餐
芸豆饭
西芹炒牛肉
香菇油菜
桂花山药

晚餐
玉米饼
鸭血粉丝汤
炝炒土豆丝
苹果

加餐
苏打饼干
枣

星期六

早餐
煎培根
炒蛋
清煮芦笋
玉米南瓜汁

午餐
意大利面
罗宋汤
西葫芦炒虾仁
蚝油生菜

晚餐
红薯粥
豆皮拌香椿苗
素炒菠菜
草莓

加餐
圣女果
小面包

星期日

早餐
荠菜包子
豆浆
煎鳗鱼
柚子

午餐
红枣鸡丝糯米饭
土豆烧排骨
红烧茄子
凉拌油麦菜

晚餐
炒饼
西红柿炒鸡蛋
清炒小油菜
猕猴桃

加餐
蒸红薯
核桃浆

营养素补起来

本月胎宝宝骨骼、大脑、内脏发育较快，需要大量的蛋白质、矿物质、维生素、脂肪等营养素的摄入，孕妈妈可适当补充镁及维生素。

第 11 周

胎宝宝神经系统和循环系统发育较快，应适当吃些富含镁的食物，植物油、坚果、大豆、绿叶蔬菜，以及全麦食品中都可以找到镁。

第 12 周

B 族维生素、维生素 A、维生素 E 对此时的胎宝宝非常重要，孕妈妈可适当多摄入一些富含此类营养素的食物，如粗粮、瘦肉等。

第四章 孕4月

孕4月，孕妈妈终于进入相对轻松快乐的孕中期了，早孕反应也消失了，胃口好起来，胎宝宝的生长速度也渐渐快了起来。对孕妈妈来说，顺利通过产检、吃得好，以及控制体重是此时应关注的重点。

胎宝宝的模样

从孕4月开始，胎宝宝越来越有人的模样了，成长速度、体重增加也越来越快，有时还会在子宫里动来动去，孕妈妈可以感受到胎动了。

孕13周：身长有65~78毫米，胎宝宝的脸看上去更像成人了，有了小脖子，脑袋可以稍做运动。眼睛向头的前方移走，耳朵也慢慢往应该在的位置移动，还可以通过皮肤的震动来感受声音；器官大多已经开始正式工作，但是呼吸系统、消化系统的生理结构还没有完全发育成熟。

孕14周：身长有80~93毫米，大小像个柠檬，运动开始变得协调。虽然离出生还早，但胎宝宝已经开始练习呼气和吸气。不过在这个充满液体的世界中，生长所需要的氧气还需要通过孕妈妈来提供。

孕15周：身长有104~114毫米，大小像西红柿。胎宝宝长出了眉毛，胎毛开始慢慢覆盖全身；皮肤还是薄而透明，可以清晰地看见肋骨和遍布全身的血管；开始会在孕妈妈的子宫里做各种动作。

孕16周：身长有108~116毫米。此时胎宝宝的关节可以活动了，骨骼也越来越硬并开始钙化；肌肉对来自外界的刺激有了反应，神经系统可以指导全身动作协调性。此时胎宝宝非常活泼，会经常动来动去，敏感的孕妈妈会感觉到胎动。

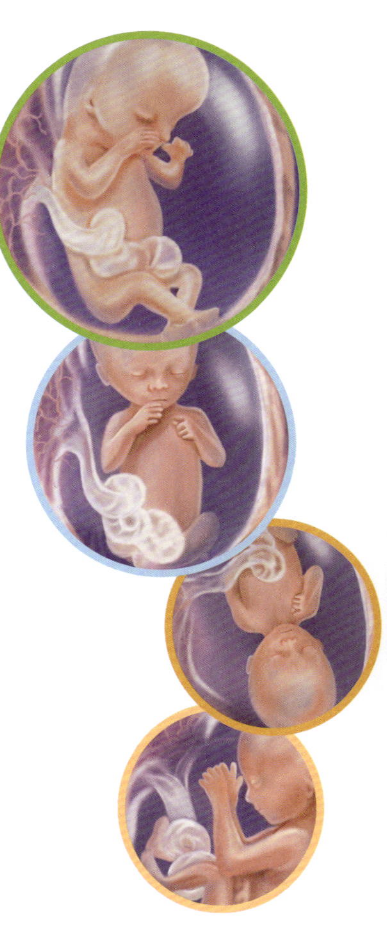

你得做点啥

准备几则风趣幽默的小故事。除了和孕妈妈分享一天遇到的有趣事情外，准爸爸也可以每天准备几则风趣幽默的小故事讲给孕妈妈听，孕妈妈快乐而甜蜜的情绪会对胎宝宝情绪形成产生很好的影响呢。

可以在晚餐后轻轻抚摸孕妈妈的肚子，胎宝宝会感觉到，等胎宝宝再长大一点，甚至会跟着准爸爸抚摸的手和准爸爸互动呢。

给准爸爸讲科普：帮孕妈妈预防妊娠纹

从孕4月开始，事实上从孕前就应开始，准爸爸就有一件大事需要和孕妈妈一起进行预防，那就是预防妊娠纹的产生。进入孕中期，随着孕妈妈腹部、乳房等膨隆，皮肤的弹力纤维与胶原纤维损伤或断裂，出现一些宽窄不同、长短不一的粉红色或紫红色的波浪状花纹，即为妊娠纹。分娩后，这些紫红色的花纹会逐渐消失，留下白色或银白色的有光泽的瘢痕线纹。

妊娠纹主要出现在腹壁上，也可能出现在大腿内外侧、臀部、胸部、后腰部及手臂等处。

妊娠纹出现再急救就晚了

孕3月前，所有的孕妈妈都不会出现妊娠纹，大部分孕妈妈都是在孕6月，甚至更晚的孕七八月开始出现妊娠纹的。需要注意的是，妊娠纹一定要预防，因为它一旦出现就不易消失。所以从孕早期，甚至更早的备孕期开始，就应该有意识地提高孕妈妈皮肤的弹性，预防妊娠纹的出现。

这样做，妊娠纹可能不会出现

1 备孕期开始增强皮肤护理，尤其要加强对局部皮肤的保湿护理，如腹部、臀部、大腿、胸部等容易出现妊娠纹的地方，涂抹保湿护肤品。

2 孕前坚持规律的体育锻炼。锻炼可以促进皮肤血液循环，使皮肤保持比较好的状态，而孕前进行腹部拉伸动作，有助于提升腹部皮肤纤维的弹性。

3 从孕早期开始，在容易出现妊娠纹的部位涂抹橄榄油、孕妇专用妊娠膏等护肤品，保持皮肤纤维良好的弹性。

4 孕中期、孕晚期有意识地控制增长的体重。体重增长过快是造成妊娠纹出现的主要原因之一，从孕中期开始，合理控制体重，也有助于预防妊娠纹。

5 孕期按摩。孕中期、孕晚期不适合做剧烈运动，可以通过准爸爸按摩的方式来促进孕妈妈皮肤的血液循环，增加皮肤纤维弹性。

孕 4 月孕妈妈的身体变化

体重

进入本月，大多数孕妈妈早孕反应消失，胃口变好，体重开始增加。

大部分孕妈妈的早孕反应逐渐消失，但小便次数多、便秘等情况依然存在，并会持续到分娩。

孕妈妈需要注意控制体重增加速度，最好保持在每个月增长 2 千克以内。

子宫

此时孕妈妈的子宫像小婴孩的头部大小，腹部开始明显膨隆起来，孕相更加明显了。子宫四周的韧带开始起作用，有的孕妈妈会感觉子宫部位有稍微不适感，不影响胎宝宝发育。孕妈妈可以在肚脐下方 7.6~10 厘米的位置摸到硬硬的圆圆的子宫了。

乳房

乳房有胀满感，由于孕激素的分泌，乳头、乳晕的颜色开始变深。从本月起，孕妈妈可以开始进行乳房护理了。

妊娠线变深

怀孕后很多孕妈妈发现肚子中间会出现一条或穿越肚脐的竖线，这就是妊娠线，通常形成于孕 2~4 月。怀孕期间，由于激素水平的变化，有的孕妈妈这个地方的颜色会加深、加粗，甚至长出体毛；有的会向上延伸到胸部都出现这条中线，但是也有人完全没有变化，这些都是正常的。在分娩后，会逐渐消失的。

常常放屁

孕中期，由于胎宝宝的发育，子宫的变大，会挤压到孕妈妈的肠胃，导致肠道蠕动变慢，容易胀气，导致孕妈妈排气现象增多。这是正常的，在分娩后，情况都会改善的。孕妈妈也可以通过适当多摄入一些富含膳食纤维的食物，缓解这种情况。

分泌物的味道变重

有的孕妈妈会发现阴道分泌物味道开始变重，只要没有痒、痛等症状，那么可能是由于孕激素导致的，注意个人卫生即可。

孕4月产检重点：唐氏筛查

孕16周，开始进行第2次产检，其中最为重要的就是唐氏筛查。

什么是唐氏筛查

唐氏综合征是一种常见的染色体疾病，通常为先天性中度智力障碍，其特征主要表现为严重的智力低下，有独特的面部和身体畸形。一般唐氏筛查是抽取孕妈妈2毫升血液，检测血清中甲型胎蛋白（AFP）和绒毛膜促性腺激素（HCG）的浓度，结合孕妈妈预产期、年龄、体重和采血时的孕周，计算出“唐氏儿”的危险系数。

根据数据统计，目前35岁之前的孕妈妈生育唐氏宝宝的概率为1/600~1/800，随着年纪的增长，这个概率会逐渐增大，但大部分胎宝宝都是健康的，所以孕妈妈也不需要过于担心。

这些孕妈妈一定要做唐氏筛查

唐氏筛查是非常有必要的排查手段，尤其是有以下特点的孕妈妈，则一定要做：年龄大于35岁；曾生过异常孩子；有不明原因的胎停育；妊娠期间阴道出血；妊娠早期有服药史；妊娠早期接触过有害物质；家族有出生缺陷史。

唐氏筛查一定要做吗

由于唐氏筛查结果只能筛选出风险高低，无法准确诊断，还会增加孕妈妈检查后心理恐慌感。事实上，根据孕（11~13）+6周的NT检查数据，以及本月的孕中期唐氏筛查数据，可以将准确率提高至90%以上。

准爸爸日记

宝宝，你现在每天都在长大，妈妈的肚子也在慢慢变大，每天下班回家，摸摸你妈妈的肚子，仿佛我在抱着你和你妈妈两个人，和你们在一起，我感到很温馨、快乐。

今天妈妈梦见你了，没有看见你的小脸，她深觉遗憾。宝宝，你会怎样出生呢？到时候会顺利吗？真的很期待呀。

怀孕了，做这些动作要注意

孕妈妈在孕期适当活动，做点家务，不仅可以排解孕期的烦闷，也可以锻炼身体，有助于顺产。不过，做这些事的时候要注意姿势。

上下楼梯：要伸直背，看清楼梯，一步步地上下。按照先脚尖、后脚跟的顺序将一只脚置于台阶上，禁止只用脚尖受力。妊娠后期，隆起的肚子遮住视线，注意不要踩偏，要踩稳了再移动身体。尽量使用扶手。

起床：孕妈妈起床一定要缓慢，可以先调整成侧卧位，再变换成半坐位，然后起床。禁止以仰卧的姿势直接起身。

打扫：可以从事一般的擦抹家具和扫地、拖地等劳作，但要选择合适的有一定高度的工具，不可登高，不可上窗台擦玻璃，更不要搬抬笨重家具。擦抹家具时，尽量不要弯腰，妊娠晚期更不可弯腰干活。拖地板不可用力过猛。

做饭：切菜、取物时，尽量在手臂可够着的范围内，不要过度拉伸手臂、腹部；打开燃气或煤气时，要先打开抽油烟机。自己独自在厨房操作时，还要注意安全。

取放地上东西时的正确姿势

生活中孕妈妈难免会出现取放低处的东西的情况，这时要注意正确的姿势，不要压迫腹部。

1. 屈膝，完全下蹲，单腿跪下，把物品拉近身体，不要弯腰。
2. 一条腿屈起，另一条腿跪姿，将物品放于屈起的腿上，腰保持挺直。
3. 两腿站起、立直，腰挺直，双手提物品。

继续保持良好工作状态

孕妈妈怀孕后，大多也会坚守岗位。既然选择继续工作，保持良好的工作状态是职场孕妈妈要注意的首要内容。

尽量正常出勤，保持孕前一样的工作态度。对于因怀孕引起的情绪波动，尽量不要在办公室表现，以免给同事带来困扰。因怀孕而带来的生活习惯和规律的调整，比如工作时间饿了需要加餐，或者累了需要小憩一会儿的时候，尽量低调地进行；如果需要同事帮忙，可以尽管开口，但也别过度依赖同事的帮忙。

不要总拿怀孕做借口

孕妈妈不宜拿怀孕做推脱本职工作的借口。大家都知道要做妈妈会比其他同事操心的事情多，忙很多，也累很多，但怀孕毕竟只是个人问题，以此为借口请太多假或者推脱应做的工作，对职场形象可不太好，给大家留下不好的印象不利于以后职业的发展。

职场孕妈妈要注意的事

1 确认怀孕后，请尽早向单位领导和同事讲明怀孕的情况，以便单位领导和同事及早安排好工作。

2 如果在工作中需要搬运重物；或者需要长时间站立或者蹲下，要尽早和领导、同事说明，或者请同事帮忙，不要勉强自己独自承担。

3 尽量不要超负荷工作。如果工作特别忙，孕妈妈要有意识地自我调整，工作间歇时要尽量多休息，以免过度疲劳。

4 由于妊娠反应和体质的变化，孕妈妈可能会感到心情焦躁，要注意控制自己的情绪，可以听听音乐，做做深呼吸。

5 适当休息。长时间在办公室工作时，可以借去卫生间或者倒水的时间，在楼道里稍微走一走，活动一下身体。

6 注意减轻腿部肿胀。久坐、久站等会让孕妈妈出现腿部、足部肿胀的情况。久坐的孕妈妈可以在椅子下面放一个小板凳，把脚放上去，有助于缓解双脚疲劳，减轻脚部水肿。

孕 4 月生活细节注意事项

孕期喝水有讲究

孕妈妈每天除了进食喝汤、吃水果补充的水分外，还需要额外补充 1600 毫升左右的水分。孕妈妈最好饮用白开水或者矿泉水、纯净水等，少喝饮料，尤其是高糖饮料。喝水时，应小口小口吞咽，每隔 2 小时就有意识地喝杯水，不要等口渴了再喝。

> 这段时间流产的危险性减小了，但是依然要谨慎对待，不可麻痹大意。

夏季别贪凉

由于孕期代谢的关系，孕妈妈容易感觉热，特别是在炎热的夏季，但要注意不要过于贪凉，避免着凉导致感冒。将空调的温度定在 24~28℃，最好不低于 26℃，室内感觉微凉就可以了，切忌温度太低，和室外温差太大。不要对着空调吹；吹空调睡觉时，要记得盖好腹部。

坚持运动

孕妈妈每天要有足够的活动量，而活动的最佳方式是散步。散步时，须选择空气新鲜、人流量不多的地方，如森林公园、花园等，尽量不要去人流量大、空气污浊的地方，如商场、市场等。

可以出行了

孕 4 月，胎宝宝很稳定，孕妈妈可以出行了，但考虑到身体因素，孕妈妈出行还是要谨慎，做好出行计划。不宜过度疲劳，行程不宜紧凑；宜选择人少、天气好的地点，最好和家人一起出行。

“性”福生活

孕妈妈进行夫妻生活时，要注意度，动作幅度不要过大，体位也应以孕妈妈舒适为好，频率不宜太快。过程中，孕妈妈如果感到腹部发胀或疼痛，则最好停止。准爸爸也要时刻关注孕妈妈的反应，双方亲密配合，才会让孕期性生活更快乐。

乳房护理从此刻开始

孕妈妈分娩后要哺乳，孕期对乳房的呵护会让孕妈妈在母乳喂养路上更加顺利。

穿合适的内衣

受孕激素的影响，孕妈妈乳房日益增大，要选择适合自己的孕期内衣。一般孕期选择无钢圈内衣或运动型内衣较舒适。最好选择支撑力较强的内衣，以免在孕期胸部变大后自然下垂。在怀孕晚期可以考虑选择哺乳型内衣，为产后哺乳做准备。

坚持每天穿内衣，包括哺乳期。注意内衣不能太紧也不能太松，太紧了不舒服且压迫乳房，太松了则起不到支撑的作用。随着孕周的增加，乳房增大，最好隔一段时间便更换合适的内衣。

热敷，呵护乳房的好方法

孕妈妈会有乳房胀痛感，每天用毛巾热敷，并进行轻柔的按摩，促进胸部血液循环和乳腺的发育，会缓解这种状况。热敷可以在每天临睡前进行，用热毛巾敷在胀痛的部位保持几分钟，直到热毛巾变凉，如此重复两三次，然后进行按摩。

乳房按摩

乳房娇弱，孕妈妈在进行自我按摩时要注意手法轻柔、方法正确。方法是由乳房周围向乳头旋转按摩。每天早晨起床和晚上睡觉前，分别用双手轻柔按摩 5 分钟，不仅可以缓解孕期乳房的不适和为哺乳期做准备，还能在产后使乳房日趋丰满而有弹性。

注意乳头凹陷

有乳头凹陷的孕妈妈可以在孕期进行纠正。用拇指和食指相对地放在乳头左右两侧，缓缓下压并由乳头向两侧拉开，牵拉乳晕皮肤及皮下组织，使乳头向外突出，重复多次。随后捏住乳头向外牵拉。每日 2 次，每次 3 分钟。或者用一只手托住乳房，另一只手的拇指和中指、食指抓住乳头转动并向外牵拉，每日 2 次。每次重复 3 分钟。

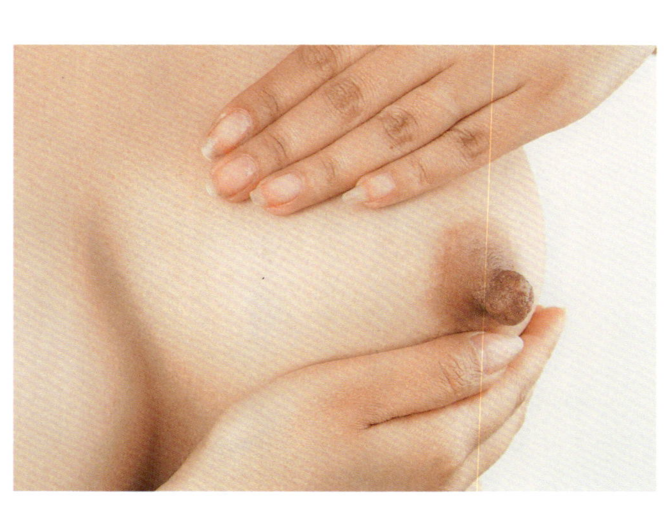

孕4月孕妈妈要吃点啥

从孕4月开始胎宝宝成长需要更多的营养和热量，由于早孕反应的消失，孕妈妈的饮食也“解禁”了，此时正是补充营养的好时候。

补锌：胎宝宝大脑、心脏等重要器官的发育完善需要充足的锌，本月孕妈妈要增加富含锌的食物的摄入量。肉类、牛奶、海鲜以及部分坚果，如葵花子中含有丰富的锌，孕妈妈本月可适当多摄入一些。

增加蛋白质和维生素的摄入量：胎宝宝骨骼、肌肉的快速发育需要大量的蛋白质和维生素营养支持，所以本月孕妈妈还需继续增加蛋白质和维生素的摄入。但这个月很多孕妈妈会出现体重增长过快的情况，因此孕妈妈要适当控制饮食，以免营养过剩。

补钙：孕4月胎宝宝牙齿开始钙化，恒牙牙胚开始发生，建造骨骼也需大量的钙，孕妈妈需要从食物中摄取足够的钙才能满足胎宝宝的生长需求。孕妈妈可以有意识地多吃鸡蛋、豆腐、瘦肉、虾、海鱼等富含钙的食物。

β-胡萝卜素：β-胡萝卜素被誉为“健康卫士”，可促进胎宝宝骨骼发育，能保护孕妈妈和胎宝宝的皮肤细胞，还能保证胎宝宝视力和骨骼的正常发育。每天1根胡萝卜即可满足孕妈妈身体所需。

你得做点啥

在妻子孕期除了为其准备均衡而全面的膳食外，准爸爸也学学按摩吧。进入孕中期，随着肚腹的膨隆，孕妈妈可能会出现腰酸腿痛、肩周乏力的情况，通过按摩可以缓解这些症状。

陪妻子一起锻炼。此时胎宝宝的状态已经比较稳定，适合做一些舒缓的运动或锻炼，准爸爸最好能陪着孕妈妈一起锻炼，以便随时照顾她。

给准爸爸讲科普：帮孕妈妈控制体重

孕妈妈的体重增长和控制，准爸爸要负起责任来，这也是“三个人”的事情。

孕妈妈都会变胖，这是为了孕妈妈和胎宝宝的健康，但同时体重增加过快也成为很多孕妈妈的烦恼。事实上，孕妈妈体重增长过多，不仅对孕妈妈身体不利，对胎宝宝也有不好的影响。美国俄亥俄州立大学一项研究指明，孕期 BMI 超过 30 以上，会对孩子日后数学能力和阅读能力产生负面影响。孕妈妈的体重不再是自己一个人的事儿了，准爸爸也要帮助孕妈妈控制体重，了解科学的孕期体重增长观念，学习科学的营养摄入方法是帮助孕妈妈控制体重的重要原则。

本月增长 2 千克是目标

随着胎宝宝的成长，孕妈妈的体重增加是必须的，但也不能增长过快，孕 4 月，孕妈妈体重增加 2 千克是合理的。准爸爸可以将此重量作为本月照顾孕妈妈饮食营养的目标。

长胎不长肉的小建议

1 控制高含糖量的水果摄入。尽量少吃西瓜、葡萄、甜瓜等含糖量较高的水果，可以多吃一些苹果等含糖量稍微低的水果。

2 规律的作息和饮食。孕妈妈最好遵从晚 11 点睡早 7 点起床的作息；三餐定时，不要起很晚早餐吃得晚，午餐吃不下，导致晚餐吃得特别多，这样就很容易长肉。

3 避免重油、重盐饮食。重油、重盐有一定的开胃效果，会让孕妈妈不知不觉就吃了很多，摄入过多热量。

4 细嚼慢咽。胃饱了以后，和大脑反应“肚子饱了”之间需要大约 20 分钟时间，细嚼慢咽会减少这个时间里的热量摄入。

5 将晚餐适当提前一点，并坚持饭后散步。晚餐食用过多、过晚，身体吸收后很容易转化为脂肪。

6 每天坚持称量体重。每天准确地进行称量，能随时提醒孕妈妈体重增长情况，也能为准爸爸准备饮食提供参考。

一周科学营养餐单

本月，胎盘已经形成，胎宝宝的各个器官组织迅速生长发育，包括骨骼、五官、牙齿、四肢等，大脑也进一步发育，对营养的需求也随之增加，孕妈妈千万不可忽视营养素的补充。在均衡营养的基础上，碘、钙、碳水化合物、维生素 C 和 β－胡萝卜素也是本月孕妈妈需要适当补充的营养素。

进入孕中期，孕吐减轻，这时就好好地享受美味吧。注意饮食均衡，多样化的食物所含有的营养也是多样化的，在食谱中可适当增加富含铁、维生素 D、碘、锌的食物。

星期一

早餐

芝麻玉米糊
鸡蛋
煎芦笋
山竹

午餐

紫米饭
萝卜干炒肉
素炒菠菜
海带豆腐汤

晚餐

麻酱花卷
西红柿鸡蛋汤
糖醋白菜
百合烧牛肉

加餐

核桃花生浆
火龙果

星期二

早餐

奶酪三明治
牛奶
牛油果蔬菜沙拉

午餐

香菇鸡汤面
胡萝卜炒肉
蒜蓉油麦菜
苹果

晚餐

南瓜香菇包
炒三丁
紫菜虾皮汤

加餐

梨
酸奶

星期三

早餐

小米粥
牛奶蒸蛋
凉拌西红柿
火龙果

午餐

煎饺
丝瓜瘦肉汤
蒸南瓜
油桃

晚餐

西葫芦糊塌子
炝炒圆白菜
干烧菜花
蘑菇汤

加餐

蜜橘
核桃仁

奶酪三明治

蘑菇汤

香菇酿豆腐

补充优质蛋白

从本月起，每天应增加总量为50~100克的鱼、禽、蛋、瘦肉，满足孕妈妈和胎宝宝对优质蛋白质的需要。

星期四

早餐

面包片
牛奶
蔬菜沙拉

午餐

杂粮饭
清蒸鲈鱼
素炒三丝
桂花绿豆汤

晚餐

黑豆粥
凉拌黄瓜
芹菜香干
萝卜炖羊肉

加餐

麦麸饼干
甜瓜

星期五

早餐

牛奶馒头
煎小黄鱼
清炒苦瓜
香蕉

午餐

海鲜炒饭
油菜虾仁
炝炒四季豆
银耳雪梨汤

晚餐

馄饨
猪肝拌菠菜
豆苗拌核桃仁
蒸红薯

加餐

黄桃
牛奶

星期六

早餐

百合粥
鸡蛋
凉拌金针菇
烫生菜

午餐

胡萝卜肉饼
鸡丁烧仙贝
凉拌藕片
鸭血青菜汤

晚餐

南瓜饼
肉片粉丝汤
素炒空心菜
香菇酿豆腐

加餐

柚子
李子

星期日

早餐

阳春面
凉拌樱桃萝卜
蒸白菜卷

午餐

二米饭
松仁鸡丁
什锦西蓝花
生菜干贝汤

晚餐

香菇疙瘩汤
彩椒炒肉
芦笋蛤蜊

加餐

樱桃
菠萝

营养素补起来

碘、钙、维生素C、β-胡萝卜素等本月所需营养素，最好都从食物中摄入，不需要额外补充补剂，孕妈妈可以适当食用富含此类营养素的食物。

第13周

碘存在于碘盐以及海产品中，大部分孕妈妈只要保证每天6克碘盐摄入，每周吃1~2次海鱼、蛤蜊基本上能满足碘的需求。

第15周

孕妈妈每天摄入维生素C的量要适当，以每天130毫克为宜。橘子、橙子、西红柿、桃等含有丰富的维生素C，孕妈妈可每天吃1个。

第五章

孕5月

终于到了平静而又轻松的孕5月，此时孕妈妈的身体和胎宝宝已彼此适应了，你们将一起度过这段美好时光。在本月，大多数孕妈妈都会收获惊喜——感受到胎动，并且胎宝宝能真正听到孕妈妈准爸爸说话的声音了，想象一下，这是多么美妙的一个月啊！

胎宝宝的模样

现在的胎宝宝每一天都不一样，一天比一天更加接近出生时的模样。本月开始胎宝宝的头发、眉毛、指甲这些“小细节”更加完善，也更爱活动了。

孕 17 周：胎宝宝身长可达 13 厘米；骨骼开始变硬，循环系统和尿道完全进入正常的工作状态；皮肤很薄，开始长脂肪，褐色脂肪正在沉淀，胎宝宝看起来更加圆润了。

孕 18 周：大小像苹果了；大脑与耳朵信号的连接已经形成；原来偏向于两侧的眼睛开始向前集中；生殖系统继续发育，女宝宝的阴道、子宫、输卵管都已经各就各位。胎宝宝开始“呼吸”，小胸脯一鼓一鼓的。

孕 19 周：胎宝宝身长约 15 厘米长；大脑中统管感觉的各区域细胞正在进行更细的分化，并开始连接；四肢已经与身体其他部分形成比例；肾脏开始初步工作。此时胎宝宝的动作要比以往更加灵活、协调。

孕 20 周：体重可达到 250 克左右，而且感觉器官开始迅速发展；眉毛和眼睑完全发育成熟，视网膜形成了，眼睛很活跃，会对光线做出反应；味蕾正在形成，会间接使孕妈妈的饮食口味发生改变；开始在羊水里尿尿了。

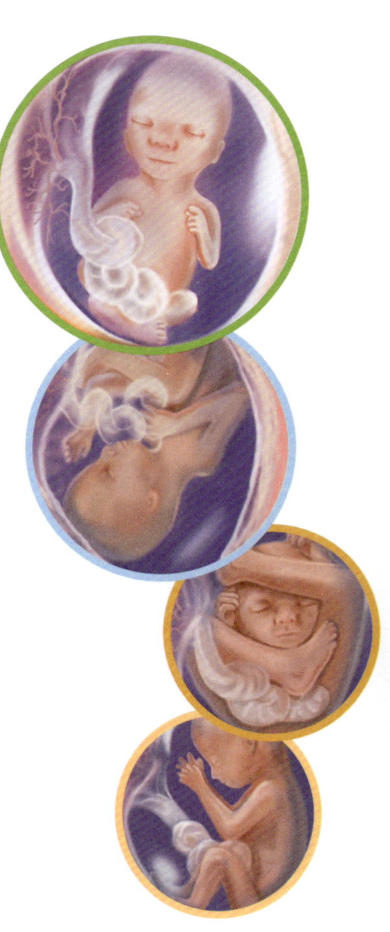

你得做点啥

学做营养餐。尽量学习科学的孕期营养搭配，为孕妈妈、胎宝宝准备既科学又合理的营养餐点，不仅能为孕妈妈胎宝宝提供营养助力，还有助于孕妈妈控制体重，孕妈妈也会非常高兴的。

可以对着孕妈妈的肚子跟胎宝宝说说话，胎宝宝是能感受到准爸爸的声音，如果孕期坚持，宝宝出生后对爸爸的声音会格外熟悉呢。

给准爸爸讲科普：计算胎宝宝体重

胎宝宝体重是判断其是否正常发育的重要标准，孕妈准爸在家也可以自己推算。

一般临床上是通过B超检查时，根据胎宝宝的双顶径、腹围、股骨长等数据来计算胎宝宝体重的，医生会根据此推算结果来为孕妈妈提供建议。

胎儿体重（克）=900×BPD（双顶径）-5200

双顶径、腹围、股骨长等数据在孕妈妈产检的B超检查单上有，准爸爸只要根据上面数据和公式计算就能估算胎宝宝的体重了。

估算胎宝宝体重是有误差的

通过检查数据计算胎宝宝的体重，都是有误差的。即使是产检医生计算，误差依然在±15%左右，所以胎宝宝的体重应在公式算出的结果上再加上±15%左右的误差值，就是胎宝宝真正的体重了。由于孕5月，胎宝宝还比较小，这种估算误差会更大一些，孕妈妈在孕7月以后，用此方法估算，结果会更为准确。

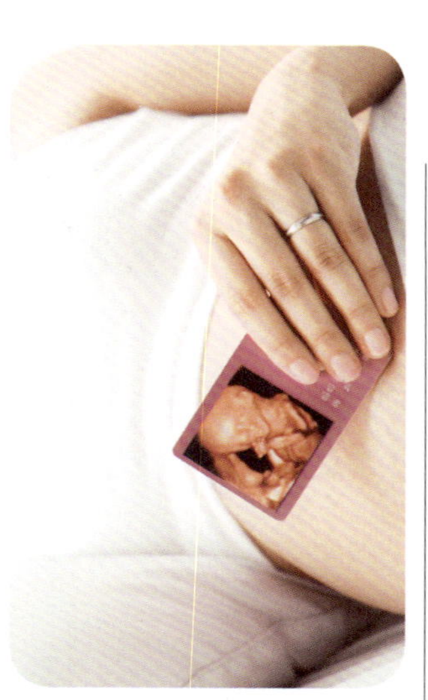

胎儿体重过大过小，饮食如何调养

1 胎宝宝体重差异范围原本就是比较大的，只要误差在前后2周内的预估体重，都是正常的。

2 估算的胎宝宝体重比怀孕周数小1周时，孕妈妈别太紧张，也不需要额外增加饮食的摄取，只要排除病理性原因，胎宝宝体重小1周还是在可以接受的范围之内。

3 如果在孕中期，估算的胎宝宝体重较大时，可持续观察，每隔2周或者1个月估算一次，最好与孕中期拿到B超检查单上数据计算后的数值进行比对。

4 如果在孕晚期，估算胎宝宝的体重较大时，只要不是病理性因素，孕妈妈也不需要刻意节食，但需要调整饮食结构，减少高热量、高碳水化合物、高糖食物的摄入。

5 估算胎宝宝体重时，最好持续采用同一公式，有可对比性。

医生没有特意说明，就表明大多数时候胎宝宝的体重都在正常范围内，孕妈准爸不要过于担心。

孕妈妈的身体变化

孕期要关注牙齿健康。

体重

本月孕妈妈的体重持续增加，平均每周增加1千克，腹部隆起，腰部也更加圆润，颇有“孕相”了。由于体重的变化，以及腹部的隆起，孕妈妈的身体重心开始变化，开始有行动不便的感觉。

适量的运动，如散步、舒缓的拉伸动作等，会缓解孕妈妈的身体不适，孕妈妈不妨试试。

子宫

孕妈妈的子宫持续变大，子宫的顶部现在已经到了肚脐的位置。此时可测得子宫底高度在耻骨联合上缘的15~18厘米处。由于子宫周围韧带承力，有的孕妈妈可能还会感觉到腹部不适感。

乳房

乳房比以前膨胀得更为显著、丰满，乳晕的颜色继续变深，孕妈妈会有胸部胀满感，有些孕妈妈还能挤出透明、黏稠、颜色像水又微白的液体。

阴道分泌物持续增多

受到骨盆腔充血与黄体素持续旺盛分泌的影响，盆腔内内脏血液聚集，发生充血和瘀血，阴道的分泌物持续增多，孕妈妈应注意个人卫生，勤换内裤。

腰酸背痛

由于关节、韧带的松弛，以及孕妈妈身体重心的变化，导致腰背部肌肉紧张，会有腰酸背痛的感觉。

牙龈出血

由于受激素分泌的影响，孕妈妈牙龈中的血管通透性增强，所以刷牙时经常会发现牙龈出血。可以选用软毛刷的牙刷，刷牙时也不要过于用力；每天早上起床后和晚上临睡前轻轻叩齿100下，有一定的坚固牙龈作用。

虽然这一时期孕妈妈身体出现了一些不适，但是孕育胎宝宝的快乐也是难以比拟的，那就是孕妈妈可以感受到胎动了。

教准爸爸测量宫高和腹围

宫高、腹围数据可以用来估算胎宝宝的宫内发育状况，是孕妈准爸进行自我监护的好方法。

测量宫高

宫高是指从下腹耻骨联合处至子宫底间的长度。最好在饭前测量。测量前，孕妈妈需要排空膀胱。孕妈妈平躺，保持全身放松。准爸爸可以在孕妈妈肚脐上、下或平的位置触摸，摸到一个圆圆的轮廓就是子宫。准爸爸测量耻骨至肚脐附近子宫轮廓之间的距离，就是宫高了。一般孕 20 周的宫高为 16.0~20.5 厘米；手测的话，孕 5 月末宫高大约在肚脐下 2 横指的地方，准爸爸可以对照一下。

刚一开始，准爸爸可能会测不准，多测量几次就好了。孕晚期及分娩时取仰卧位可能导致宫高读数较高，因此建议孕晚期测量宫高时，孕妈妈采取半卧位。自测宫高，如果连续 2 周宫高没有变化，孕妈妈需立即去医院检查。

测量腹围

腹围是指平脐部环腰腹部的长度。测量腹围时，最好也是在饭前，排空膀胱后进行。准爸爸可以用软尺，以孕妈妈的肚脐为水平线上的一点，用软尺围孕妈妈腹部一周，即腹围数据。

得到了宫高、腹围数据，准爸爸就可以用胎宝宝体重计算公式来估算胎宝宝的体重了。准爸爸还可以做一个胎宝宝体重记录，和产检时医生的估算做一个对比。

孕周与标准宫高、腹围数据

标准 / 妊娠周数	宫高（单位：厘米）			腹围（单位：厘米）		
	下限	上限	标准	下限	上限	标准
满 20 周	15.3	21.4	18	76	89	82
满 24 周	22	25.1	24	80	91	85
满 28 周	22.4	29	26	82	94	87
满 32 周	25.3	32	29	84	95	89
满 36 周	29.8	34.5	32	86	98	92
满 40 周	30	34	32	89	100	94

孕 5 月产检：常规检查

孕 5 月产检基本上是常规检查，从本月起，准爸孕妈多了很多可以自己监测的项目，与胎宝宝的互动也越来越多了。

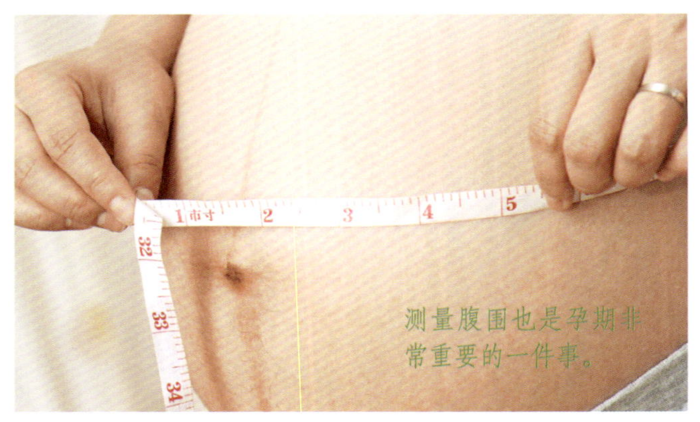

测量腹围也是孕期非常重要的一件事。

基本项目：包括体重、血压、血常规、尿常规等常规检查，以了解孕妈妈身体的基本状况，并对孕妈妈的饮食、生活提供医疗建议。

测胎动：胎动的次数、快慢、强弱等可以提示胎宝宝的活动状况。如果在 12 小时内胎动少于 10 次，或 1 小时内胎动少于 3 次，往往表示胎宝宝缺氧。

测量宫高、腹围：通过测量，对比参考数值来了解胎宝宝的大小及增长情况。孕妈准爸可以在产检前自测，此时可以将自测数据与医生测量数据进行对比，以检验自己测量的准确度。需要注意的是，宫高和腹围数据有个人差异性，只要胎宝宝发育正常，孕妈妈没有身体不适，就是正常的。

听胎心音：胎心是监测胎宝宝发育及健康与否的重要指标，是孕中期、孕晚期产检的必检项目之一。医生会使用胎心监测仪，取孕妈妈脐部上、下、左、右四个部位听，正常胎心跳动一般为 120~160 次 / 分钟。孕妈准爸也可以自己学会听胎心的办法，在家自我监测，不仅可以了解胎宝宝的情况，还能增进夫妻感情。

你得做点啥

陪孕妈妈一起产检，并学习一些产检的专业术语，了解产检知识。

准爸爸要提醒和帮助孕妈妈养成良好的生活习惯和饮食习惯，为孕妈妈提供生活上的帮助和支持。

和孕妈妈一起买孕妇装，并开始慢慢为迎接小宝贝做好准备，买小婴儿衣物以及用品等。也可以参加一些孕期课堂，和孕妈妈一起学习孕产知识。

给准爸爸讲科普：读懂产检报告

要想了解更多的孕妈妈健康、胎宝宝发育情况，多学点产检知识是非常必要的。孕妈妈每个月的常规产检，都在查什么？

尿常规：通过尿蛋白、肌酐、尿素氮等数值查看孕妈妈肾脏功能。

胎心：监测胎心跟踪胎宝宝发育情况。一般情况下，主要是监测每分钟胎心搏动次数，并根据经验判断是否有力。

宫高、腹围：根据孕妈妈身体变化，来推测胎宝宝成长状况。根据每个月宫高、腹围数据来估算胎宝宝体重。

血常规：其中血红蛋白计数查看有无贫血；血小板则是查看止血情况；白细胞、中性粒细胞主要查看是否有感染情况。

产检报告单上很多箭头、加号是异常吗

怀孕以后，孕妈妈的身体系统会出现和孕前不同的变化，而产检报告单上的很多数值的正常范围都是针对孕前的，所以产检报告单上出现一些高高低低的“箭头”或者“加减号”，先不要担心，很多都是正常的改变。如果有问题，医生会格外说明。

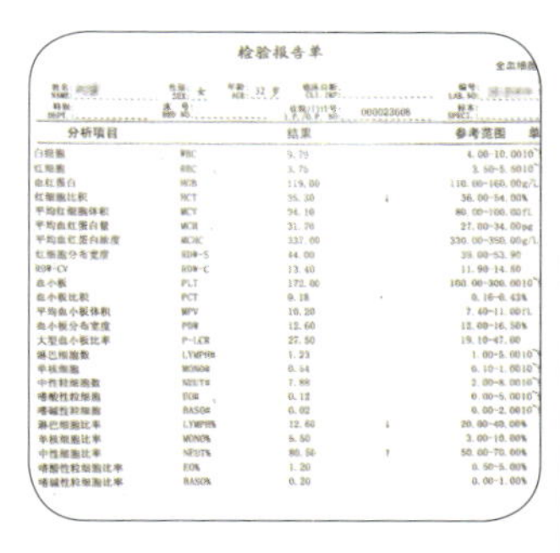

检验报告单

全血细胞

姓名 NAME　性别 SEX 女　年龄 AGE 32岁　临床诊断 CLI.INF　编号 LAB.NO

科别 DEPT　床号 BED NO　住院/门诊号 I.P./O.P. NO 000023608　标本 SPECI.

分析项目		结果		参考范围
白细胞	WBC	9.79		4.00-10.0010^
红细胞	RBC	3.75		3.50-5.5010^
血红蛋白	HGB	119.00		110.00-160.00g/L
红细胞比积	HCT	35.30	↓	36.00-54.00%
平均红细胞体积	MCV	94.10		80.00-100.00fL
平均血红蛋白量	MCH	31.70		27.00-34.00pg
平均血红蛋白浓度	MCHC	337.00		330.00-350.00g/L
红细胞分布宽度	RDW-S	44.00		39.00-53.90
RDW-CV	RDW-C	13.40		11.90-14.50
血小板	PLT	172.00		100.00-300.0010^
血小板比积	PCT	0.18		0.16-0.43%
平均血小板体积	MPV	10.20		7.40-11.00fL
血小板分布宽度	PDW	12.60		12.00-16.50%
大型血小板比率	P-LCR	27.50		19.10-47.00
淋巴细胞数	LYMPH#	1.23		1.00-5.0010^
单核细胞	MONO#	0.54		0.10-1.0010^
中性粒细胞数	NEUT#	7.88		2.00-8.0010^
嗜酸性粒细胞	EO#	0.12		0.00-5.0010^
嗜碱性粒细胞	BASO#	0.02		0.00-2.0010^
淋巴细胞比率	LYMPH%	12.60	↓	20.00-40.00%
单核细胞比率	MONO%	5.50		3.00-10.00%
中性细胞比率	NEUT%	80.50	↑	50.00-70.00%
嗜酸性粒细胞比率	EO%	1.20		0.50-5.00%
嗜碱性粒细胞比率	BASO%	0.20		0.00-1.00%

产检报告常见问题一览

1 看血常规（血细胞分析）单，最常见的是血红蛋白降低，如伴有红细胞压积和平均红细胞体积下降，则表明孕妈妈有贫血症状。要及时明确贫血的原因，要排查是否是地中海贫血。

2 血清铁二项也是针对缺铁性贫血的检查。如果检查发现铁蛋白下降，表示体内铁储备下降，即使没有贫血发生，也应该考虑补铁。

3 尿常规里的“+”号。有时候孕妈妈的尿常规报告单上白细胞、红细胞、尿蛋白会出现很多个“+”号，这有可能是留小便不规范，有污染所致，特别是孕中晚期阴道分泌物多，更加容易引起污染。但如果检查多次出现尿蛋白阳性，则要提请注意，排除肾脏疾病或妊娠期高血压的危险。

4 甲功筛查T4数值增加。进行甲状腺功能筛查时，不要只看总甲状腺素（T4）数值，T4数值增加是孕期特有现象，要看游离甲状腺素（FT4）。如果FT4数值正常，一般不用担心。

有趣的胎动

敏感的孕妈妈在孕16周左右就可以感觉到胎动了，到了孕5月，大部分孕妈妈都感觉到胎动了。

胎动是指胎宝宝在子宫内的躯体活动，包括各种活动，如呼吸、张嘴、拍手等局部性运动，也可能是翻滚、四肢伸展等全身的运动，正常健康的胎动，是胎宝宝在孕妈妈体内健康成长的标志。

事实上，在胎宝宝形成之初，胎动就已经存在了，但是由于胎宝宝还很小，羊水比较多，孕妈妈感觉不到胎宝宝的活动。到了孕16周，敏感的孕妈妈有时会感觉到肚子“串气儿”，这其实就是胎动。到了18~20周，大部分的孕妈妈就都会感受到胎动了。一般胎宝宝在孕28周后胎动逐渐形成规律，所以孕28周以后开始数胎动。

胎动是监测胎宝宝在子宫内情况的重要方法，通过数胎动能及时发现胎宝宝是否缺氧，所以一定要学会自我监测胎动。

数胎动的基本法则是胎宝宝动1次，算作1次。有时候胎宝宝连续性地翻滚，时间持续较长，可持续十余秒，这样只能算1次，有的动一下就停顿的，也算胎动1次，停顿一段时间后再次出现的胎动，算第2次胎动，总之，连续动的只算一次，中间停顿了，再动，才算第2次。

第1次胎动的感觉

第1次胎动带给孕妈妈的感受很神奇，是一种说不清的感觉，但根据孕妈妈描述大体可以分为以下几种：

1 像小鱼在吐泡泡，咕噜咕噜，或者像水喝多了的时候，肚子里的感觉，有点痒，有点神奇，还很有趣。

2 像小鱼游来游去。

3 像肚子里有一只蝴蝶，在轻轻地扇翅膀。

4 有点像有人小心翼翼地敲门，一跳一跳的。

有时候感觉有颗心脏在肚子里跳个不停，有时候感觉有点消化不良，气泡在肚子里游走，这就是孕妈妈第1次感受到的胎动，其实是胎宝宝在活动。

胎动时，宝宝在干啥

胎宝宝活动的不同，带给孕妈妈胎动的感觉也不同，孕妈妈在感受胎动时，可以尝试猜测下胎宝宝在干啥。

孕妈妈感觉到非常规律的腹壁跳动，可能是胎宝宝在“打嗝”，一般连续的跳动，直到中间停顿，算胎动 1 次。

孕妈妈感觉翻滚，或者肚子中有被牵拉的感觉，这可能是胎宝宝躯体在左右转动，这种动作一般持续 3~30 秒，动作较强。

孕妈妈感觉到跳动、猛动、踢的时候，那是胎宝宝在做躯体性的运动，如“拳打”“脚踢”，这种动作的特点是动作强、时间短。

· 有时候身体蜷成一团。

· 有时候手舞足蹈。

· 被突然出现的声音吓了一跳。

· 睡觉不自觉地抬手臂、缩了一下腿。

· 有时候胎宝宝呼吸，孕妈妈也能感觉到。

· 伸胳膊、伸腿儿。

· 伸个懒腰。

· “爬一爬”。

· 翻滚。

· 打嗝。

孕 5 月生活细节注意事项

别睡太软的床垫

孕中期后由于肚子变大，孕妈妈腰椎、腰背部肌肉压力增大，此时睡过软的床垫或者沙发，会对腰椎产生严重影响。为了孕期有个安稳的睡眠，应该给孕妈妈换一个普通床垫。

穿舒适、方便的鞋

孕妈妈从怀孕开始就应该穿透气性好、材质轻、舒适的鞋，如轻便的运动鞋、布鞋、休闲鞋或软皮鞋。孕中期后，脚肿得厉害，可买比自己平时鞋码大半码的鞋。腿部经常有肿胀感可适当穿带点儿跟的鞋，会缓解腿部肿胀。腹部鼓起来，不方便弯腰，可选择穿不系鞋带的鞋子。

孕中期孕妈妈便秘情况可能会更加明显，要适当多摄入水分和富含膳食纤维的食物，缓解便秘。

选对袜子

孕妈妈应选择透气性好、纯棉的袜子。孕中晚期，孕妈妈腿部会有不同程度的肿胀情况，选择的袜子袜筒比较低，袜口比较宽松的。

养成规律的睡眠习惯

孕妈妈的作息习惯会一定程度影响日后宝宝的作息，孕妈妈要养成规律睡眠的习惯，尤其要保证晚上 11 点到次日凌晨 4 点这段时间内的睡眠质量。

保护牙齿

坚持科学有效的刷牙方法，每天 3 次，每次 3 分钟。可以选用刷毛比较软的电动牙刷，电动牙刷震动频次高，还可以设置刷牙时间，能更好地清除牙齿间食物残渣，按摩牙龈，更为重要的是孕妈妈可以更方便、省力。

坚持适量运动

孕期坚持适量的运动，不仅对孕妈妈身体有益，还有助于分娩顺利。孕妈妈可以做一些舒缓运动，如瑜伽等。如孕期没有特别喜欢的运动，此时可以坚持每天散步 30 分钟，对身体也非常有益。

科学护肤，做美丽孕妈妈

谁说怀孕就只能素面朝天，只要科学护肤，孕妈妈也可以很美丽。

孕妈妈选用护肤品有技巧

很多女性害怕护肤品对胎宝宝造成伤害，孕期不敢使用任何护肤品，常常素面朝天，加上孕期激素变化，色素沉积，很多孕妈妈的脸上还会出现色斑，这些无奈的小“事件”也会影响孕妈妈心情。

其实，孕妈妈不用太过于紧张。目前市面上有很多专门针对孕妈妈的护肤品，只要是正规的，孕妈妈都可以放心使用。孕妈妈只要注意少用具有美白、除皱，以及富含酒精成分的护肤品。在购买护肤品前，最好看下成分表，有维A酸、水杨酸、β－羟基酸、BHA、黄豆提取物、磷脂酰胆碱、组织化植物蛋白等成分的最好不用。

注意防晒

补水、防晒是保持好皮肤的两个法宝，孕妈妈要想保持皮肤的良好状态，也要做好防晒工作。最简单的防晒方法是防晒霜。

此外，孕妈妈外出时，别忘记带把伞或者帽子遮阳，避免在太阳光最大的上午10到下午4点出门，也是做好防晒的好方法。

做好清洁是第1步

清洁是皮肤护理最基础、最关键的一步。怀孕后，孕妈妈皮肤的自我调节能力也会变差，脸上看起来粗糙、暗淡、没有光泽，改变这种状况的诀窍就是做好皮肤的清洁工作。可选专为孕妇设计的清洁用品和孕期专用润肤乳，保持皮肤水嫩。

准爸爸日记

宝宝，以后你长大了，一定要很爱妈妈才行。以前你妈妈是个非常爱美的人，人长得漂亮，身材也很好，现在怀孕了，你妈妈在追求“美”这方面真的妥协了很多，今天她看到一件漂亮的裙子，可是因为肚子太大了，穿不下，还伤感了一下。后来，爸爸找到一条很漂亮的孕妈妈裙，送给妈妈，妈妈又开心了。你看，宝宝，你的妈妈就是这么可爱又爱美的女人，你长大了要多夸赞妈妈才行哟。

孕 5 月孕妈妈吃点啥

孕 5 月，胎宝宝生长发育变快，孕妈妈在适当增加营养素摄取的同时，也要注意控制体重，要吃得科学。

巧补蛋白质：孕妈妈补充蛋白质最好选用优质蛋白，这类蛋白质合成人体蛋白质的利用率高，产生代谢废物少，很适合补充能量。这类食物有蛋清、牛奶、牛肉、鸡肉、鱼等。需要注意的是不要过度摄入蛋白质，肉每天在 200 克以内，鸡蛋以每天不超过 2 个为宜。

每餐保证一碗饭：孕中期胎宝宝体重开始增长，孕妈妈需要摄入较多的热量才能提供所需，至少要保证每餐摄入一碗米饭或者一个馒头的主食，三餐摄入总量为 3 碗饭为宜。也可以在进餐时保持平常饭量，但是加餐可以吃全麦馒头。

控制糖的摄入：孕妈妈，尤其是高龄孕妈妈很容易出现孕期血糖增高的现象，在饮食上要注意控制含糖量高的食物，比如水果，少吃葡萄、西瓜、哈密瓜、蜜枣、柿子、香蕉等；如果摄入了正常量的米饭，则需要减少南瓜、红薯等食物。

营养素比例要恰当：碳水化合物、蛋白质、脂肪是人体能量的三大来源，摄入比例应为 4:1:2.5，其中优质蛋白质应占蛋白质总量的 50%，动物性蛋白质占 30%。

你得做点啥

尽量安排好孕妈妈的饮食、生活，让孕妈妈少操心；当孕妈妈有困惑时，和孕妈妈一起找寻答案。

当孕妈妈感觉到身体疲惫，准爸爸要主动当孕妈妈的“靠山”。依靠在准爸爸身上，会让孕妈妈得到心理安慰。

从现在开始，和孕妈妈一起慢慢准备待产包，也要学习分娩、育儿知识。

孕妈妈要预防营养过剩

孕妈妈要注意营养摄取，同时也要警惕营养过剩。

由于生活水平的提高，现代孕妈妈很少出现营养不良，反而是营养过剩情况频频出现。孕妈妈营养过剩不仅会令胎宝宝长得过大，同时也会给分娩后身材恢复增加困难，所以孕妈妈要预防营养过剩。

控制孕期体重增长，孕 3 个月前体重不增加，或者增加在 1.5 千克以内为好；孕中期、孕晚期以每月体重增加 2 千克以内为宜。整个孕期体重增加 10~12.5 千克为宜，但增加在 15 千克以内都可以称之为控制较好。

控制高糖、高热量饮食摄入

在孕早期，由于受到孕吐的影响，提倡孕妈妈想吃啥就吃啥，但随着孕妈妈胃口大开，就应有意识地控制高糖、高热量饮食摄入，比如蛋糕、奶油、巧克力、曲奇、高糖饼干、甜饮料等。这些食物所含营养相对单一，同时热量含量较高，很容易成为孕妈妈体重增长的“罪因”。同时，孕妈妈高糖、高热量的饮食习惯可能还会对日后宝宝的口味造成影响，所以孕妈妈还是应控制这些食物的摄入。

孕妈妈不宜多吃的食物

1 腌制品。少吃咸菜、腊肉、咸肉等腌制品，尤其是有吃腌制品习惯的地区，这些食物中含有大量的亚硝酸盐，对身体健康不利。

2 烟熏制品，如培根、熏肉等。蛋白质、脂肪等在烟熏过程中会产生一种叫苯并芘的有毒物质，长期食用积累体内，影响健康。

3 少吃寒凉食物。怀孕过程中孕妈妈代谢变快，经常感觉热，就想吃一些凉的、冷的食物，但吃完，身体感觉凉爽了，胃肠却无法忍受寒凉的刺激，可能会造成胃肠不适，加重孕期不适，所以尽量少吃。

4 少吃咸鸭蛋。松花蛋、咸鸭蛋在批量制作过程中可能使用石灰、腌制盐等，大量食用后会增加孕妈妈铅摄入过量的危险，影响胎宝宝正常发育，所以最好少吃。

一周科学营养餐单

孕5月，无论是孕妈妈，还是胎宝宝依然需要均衡而全面的营养摄入，所以孕妈妈还是要坚持均衡的营养，但在此基础上，可适当增加富含钙、铁等矿物质的食物摄入，并有意识地补充维生素，为胎宝宝快速发育和成长提供营养。

孕中期胎宝宝成长比较快，孕妈妈要注意预防贫血，多吃一些富含铁元素的食物。同时，胎宝宝骨骼发育需要大量的钙，还应注意补充钙质。

星期一

早餐

奶酪蛋饼
核桃豆浆
凉拌菠菜
苹果

午餐

藜麦米饭
西红柿牛腩
素炒西葫芦
绿豆汤

晚餐

胡萝卜馅饼
西红柿炖豆腐
蒜蓉生菜
紫菜汤

加餐

葡萄
牛奶

星期二

早餐

蔬菜粥
鸡蛋
炒菜心
橙子

午餐

豆角肉丁面
炝炒圆白菜
木耳山药

晚餐

荠菜包
香煎金枪鱼
醋熘豆芽
银耳雪梨汤

加餐

全麦馒头
酸奶

星期三

早餐

面包
蒸蛋羹
素炒莴笋
牛奶

午餐

饺子
西芹牛肉
蔬菜沙拉
红豆汤

晚餐

南瓜粥
蘸酱菜
丝瓜肉丝汤

加餐

苹果
腰果

银耳雪梨汤

土豆烧牛肉

苦瓜炒蛋

吃点健脑食物

在孕5月吃点健脑食物都是有益的。深海鱼含有丰富的鱼油和不饱和脂肪酸，能为大脑提供充足的营养。

星期四

早餐

鸡蛋三明治
酸奶
梨

午餐

豆包
土豆烧牛肉
炒苋菜
猪血菠菜汤

晚餐

阳春面
凉拌芝麻菠菜
黄瓜炒蛋

加餐

草莓
核桃花生饮

星期五

早餐

百合粥
煎鱼排
蔬菜沙拉
橙子

午餐

芸豆饭
香菇炒菜花
醋熘白菜
冬瓜丸子汤

晚餐

糊塌子
炒韭黄
蒜蓉西蓝花
蔬菜汤

加餐

火龙果
大杏仁

星期六

早餐

清汤面
凉拌紫甘蓝
素炒茼蒿
水蜜桃

午餐

千层饼
蚕豆炒肉
素炒平菇
鱼片汤

晚餐

百合粥
苦瓜炒蛋
盐水鸡肝
蒸雪梨

加餐

核桃
小面包

星期日

早餐

鲜肉馄饨
鸡蛋
凉拌西蓝花
苹果

午餐

二米饭
家常豆腐
炒油菜
玉米排骨汤

晚餐

茄子饭
冬瓜虾皮
胡萝卜炒鸡丁
西红柿蛋汤

加餐

榛子
火龙果

营养素补起来

孕中期，孕妈妈容易出现贫血，要注意补铁，瘦肉、鸡蛋、牛奶中含有丰富的钙和铁，而且易于吸收。

第19周

补钙同时别忘记补充镁，镁可促进钙吸收。而坚果，如杏仁、腰果、花生、瓜子中含有镁，孕妈妈可以在加餐时补充一些。

第20周

十字花科的蔬菜，如萝卜、白菜、芥菜、菜花、西蓝花等，所含的可溶性膳食纤维对促进胃肠蠕动，缓解便秘有很好的效果。

第六章 孕6月

孕妈妈的肚子一天天大起来了，有了很多不便的地方，但是幸福感也越来越强了，因为有趣的胎动让孕妈妈感觉到更加真实的“宝宝”，每天晚餐后和爱动的“宝宝”玩一会儿，一天的疲劳都不见了。

胎宝宝的样子

孕6月的胎宝宝看起来更像一个“小人儿”了，眉眼等五官更加清晰，生长发育明显加快，脑细胞数量快速增加，和爸爸妈妈的“互动”也越来越多。

孕21周：胎宝宝的身长可达18厘米左右，这个时候的胎宝宝体重开始大幅度的增加；指甲、嘴唇已经完全长好，牙床下坚固组织中已出现犬齿和臼齿；他开始用胸部做呼吸运动了，而且逐步变成有感觉、有意识、有反应的“小人儿”了。

孕22周：眉眼和眼睑已清晰可辨，乳牙牙齿开始发育，而恒牙的牙胚胎开始发育。皮下脂肪尚未产生，皮肤依然是皱巴巴的，脸上布满了纤细柔软的胎毛。胎宝宝清醒的时间越来越长，喜欢听外界的声音。

孕23周：身长大概有20厘米，体重可能会达到450克，听觉非常敏锐，能听到爸爸妈妈说话的声音了；骨骼、肌肉已经长成；视神经已发育，具有了微弱的视觉，会对外界光源做出反应；肺部等呼吸系统持续发育。

孕24周：身体比例匀称，非常喜欢“做运动”，所以孕妈妈会感觉胎动频繁；皮下脂肪已经出现，但其增长速度还赶不上皮肤的增长速度。胎儿对外界的声音更加敏感，听到声音时可能会通过踢腿的方式来回应。

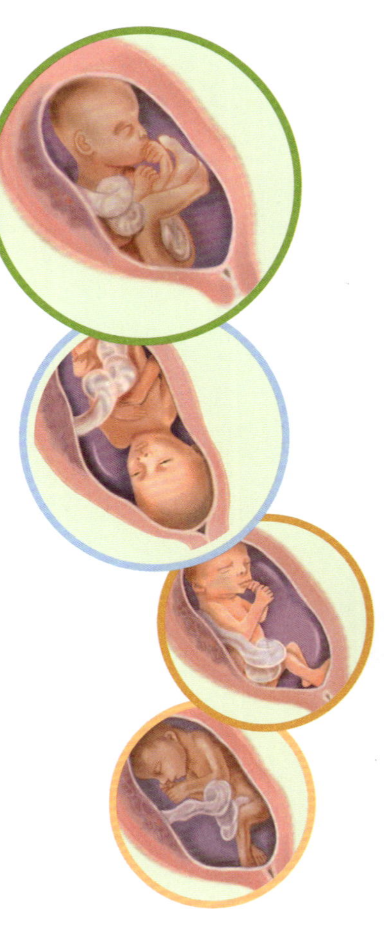

你得做点啥

学会听胎心。让孕妈妈仰卧在床上，准爸爸可以直接用耳朵或者听诊器贴在医生指定的地方听胎心部位，仔细听胎心的搏动。不仅参与了孕妈妈怀孕的过程，“三人”的小世界也是一种甜蜜生活哟。胎心音呈现的是双声，每分钟120~160次。

胎宝宝的听觉非常敏锐，准爸爸可以和孕妈妈一起和胎宝宝说话，或哼唱快乐的儿歌给胎宝宝听。

给准爸爸讲科普：学会在家听胎心

胎心是胎宝宝的心跳声，它是判断胎宝宝在子宫内状况的重要手段，通过对胎心的监测可以获得很多胎宝宝在子宫的信息。

孕妈准爸在家也可以通过自己的方式来听胎宝宝的心跳声，不仅能监测胎宝宝的情况，胎宝宝小马达般的心跳声，也会给孕妈准爸带来一种奇妙的感觉。

其实胎宝宝的心脏在孕8周末就形成了，但由于羊水的阻隔，只能通过超声波探测到胎宝宝心脏的搏动，但到了孕20周后，准爸爸把耳朵贴在孕妈妈的腹部，只要仔细听就能听见。如果用听诊器，还会听得更加清楚。胎心音为双音，每分钟120~160次，就像钟表的嘀嗒声，听起来像“小火车在开动”或者“奔跑的小马蹄声”。

正常的胎心音

胎心频率的正常值为每分钟120~160次，听上去应该是规则的、无间隙的。在胎宝宝清醒的时候、活动的时候，胎心搏动会稍微快一些。如果无胎动的情况下，胎宝宝每分钟的胎心跳动次数超过160次，或者少于120次，或心跳不规则，时快时慢、跳跳停停，中间有间歇等可能都表示有潜在的问题，最好及时就医，确定原因，向医生咨询。

听胎心要找对位置

1 因胎心音多自胎背传出，在胎背近肩胛处听得最清楚，所以要找对位置才能听得更加清楚。随着胎宝宝的长大及活动，听胎心的位置也有变化。

2 听胎心时，孕妈妈心情平稳，平躺或者半卧，并拿好计时器帮准爸爸计时。准爸爸可以戴好听诊器，将听诊器听诊头放在孕妈妈的腹部，仔细寻找胎心音。普通的听诊器是不能实现的，要用特殊的胎儿仪。

3 孕4月末时，准爸爸将听诊器放在脐下正中线附近，缓慢持续加压，仔细聆听，可听见胎宝宝的心跳声。如在这一位置没有听到，以这一位置为中心，以5厘米半径转移。

孕妈妈的身体变化

体重

孕6月，孕妈妈的体重增加了大约6千克，肚子不断增大，已经分不清哪里是腰、哪里是肚子了。本月孕妈妈的体重还将继续增长，增加控制在2千克以内。

子宫

子宫不断增大，子宫底的高度已经到达肚脐以上两个手指的宽度。本月孕妈妈的子宫逐渐压迫肺部，因此孕妈妈的呼吸变得急促起来，尤其是在上下楼梯或者快走的时候，过不了多久就会气喘吁吁。到了本月的第3周，孕妈妈的子宫增大将胃向上推移，使胃肠蠕动速度降低，从而使胃的排空变慢，所以孕妈妈常有上腹饱足感和胃灼热感。

此时的孕妈妈鼻腔黏膜比较干燥脆弱，易出血，发生时孕妈妈不要慌张，及时止血即可。

皮肤

由于代谢旺盛，孕妈妈的皮肤油脂分泌增加，会感觉有点油油的。孕妈妈还很爱出汗，有的孕妈妈会长少量痤疮。

有的孕妈妈经常感觉到皮肤干燥，伴有一阵阵的瘙痒感，这是激素惹的祸。不要搔抓，以免感染。可以咨询医生外用一些止痒药物。

肚脐凸出

受到变大的子宫的挤压，孕妈妈孕中期会出现肚脐凸出的情况，这是由于此部位的中经筋膜较薄又容易受到压力影响的缘故。孕妈妈不要担心，肚脐的形状会在产后就恢复了。

肩膀酸痛

怀孕后的血液量会增加，到了孕中后期，扩大的子宫会压迫静脉，影响血液回流，造成血液循环不佳，末梢循环也会受到明显的影响，导致孕妈妈感觉肩膀酸痛。孕妈妈不要长时间维持同一姿势，经常伸伸懒腰、动动肩膀，或者让准爸爸按摩肩膀部位，可以缓解肩膀酸痛情况。

孕6月产检重点：大排畸

孕20~24周，孕妈妈该做大排畸检查了。

大排畸查什么

大排畸检查是指通过超声检查胎宝宝发育是否存在异常情况的检查，主要检查胎宝宝在子宫内的发育情况是否符合孕周；胎儿是否健康；四肢、头脑、内脏发育是否畸形；以及羊水、脐带情况。一般在孕20~24周之间进行，目前有三维彩超或四维超声两种检查方式可供选择。检查项目分为常规项目和大排畸9项筛查。

常规项目包括：胎位、双顶径、头围、腹围、股骨长度、肱骨长度、羊水、胎动、胎心、胎心率、胎盘位置、胎盘厚度、胎盘分级。

大排畸九项筛查包括：小脑、上唇、胃泡、心脏四腔、双肾、膀胱、胫、腓、尺、桡骨、脊柱、腹壁等。

大排畸检查不是万能的

一般大排畸检查孕中期只做这一次，由于目前科学技术的局限性和孕妈妈的个体差异，有些孕妈妈腹壁较厚，透声较差，所以大排畸检查并不能做到100%准确。此外，无论大排畸检查结果如何，报告单一定要给产科医生看。因为产科医生往往不光关注胎儿结构，还要关注胎儿大小、胎盘位置、羊水量等。

大排畸检查注意

检查前不需要空腹，最好是吃好早餐，因为孕妈妈在吃饱后，胎宝宝活动得更加厉害，有助于进行超声检查。大排畸检查要看胎宝宝的很多部位，一旦角度不对，医生就看不清楚。检查时可以随身带点零食，届时吃点零食，可以促进胎宝宝活动，令检查更加顺利。

准爸爸日记

今天B超检查一切正常，亲爱的宝宝，你真的太乖了，而且妈妈这次检查一次就过哟。妈妈说医生阿姨只是稍微“推一推”，你就完完全全把自己“展现”给医生阿姨了，连医生阿姨也夸你是少有的乖宝宝呢！今天，你也辛苦啦，中午我和妈妈吃点好吃的，你要好好睡，健康平安长大呀！

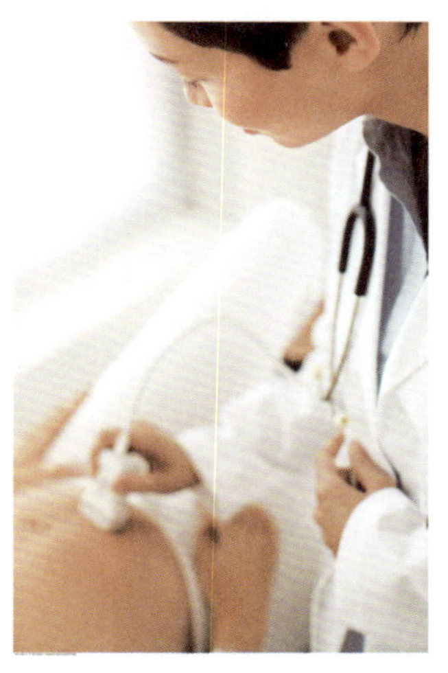

教准爸爸看懂胎心监护报告单

胎心监测是正确评估胎宝宝宫内状况的主要检测手段，自己在家监测胎心，只能数一数胎心率，要想仔细了解胎宝宝的情况，简单看懂胎心监护单是准爸爸需要学习的一项技能。

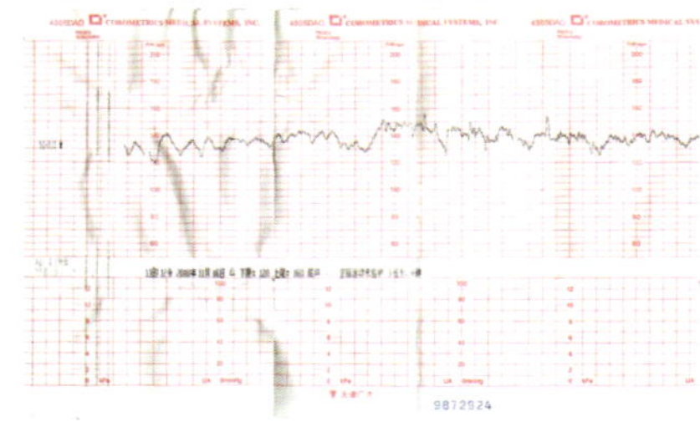

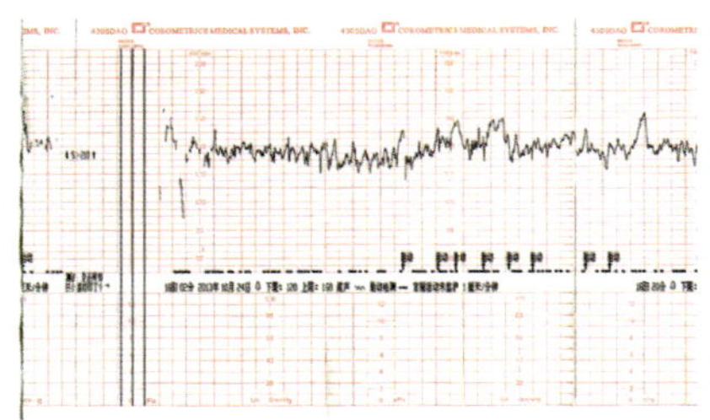

胎心监护上有两条线，上面一条是胎心率，下面一条是宫缩压力曲线，表示宫内压力，只有在孕妈妈宫缩时会增高，随后保持在20毫米汞柱。通常用于孕晚期，尤其是待产时胎心监护，用以对比宫缩加强时，胎心减弱的节点。

上面那条胎心率的线正常情况下在120~160之间波动，在孕20周以前，这条线在160~180波动是正常的，随着胎宝宝的长大，胎心会降到120~160次/分。胎心每跳与每跳之间不同称为短期可变性，正常的变动范围为5~25次/分，胎心率在1分钟内有3~8个较大的波动，是正常的短期可变性。

在胎动后，胎心率可短暂加快，高于160次/分钟，但马上又恢复正常，这是胎宝宝健康状况良好的表现。如果每分钟胎心跳动超过160次，或少于120次，或心跳不规则，时快时慢，跳跳停停，中间有间隙等则需要特别注意。

胎心监护的几条线

胎心监护一般会有胎心率基线、宫缩压力曲线，在宫缩压力曲线上往往还会显示突然增加的波峰，多是胎动引起的胎动小波。通常胎心率基线作为观察线，往往与宫缩压力曲线进行协调对比、观察，并与宫缩压力曲线上的胎动波进行对比、观察。胎心监护是一门专业医学学科，需要复杂而精微的知识，准爸爸不必学习精确，只需要大概了解即可。

怎么看胎心监护

第 1 步，看胎心率基线。胎心率基线很好辨别，除了是胎心监护单上面那条线外，还可以通过上面的标数来判断，胎心率标数在 60~220 区间，所以看到检查单上数轴有 60~220 数字的就是胎心率基线。辨别了胎心率基线后，看胎宝宝的胎心率是否在 120~160 之间，如果是，则是正常的。如果出现 170 或者 180 的波峰，但很快回落，或者对照胎动曲线，看到胎宝宝安静时候胎心回落至 120~160 区间，也是正常的。

第 2 步，看胎心率基线上的变异性，就是看胎心率基线上的小波浪是不是规律的，“小格”里的波峰波谷是否明显，波峰波谷明显的比较好。

第 3 步，看加速。看看胎心率基线上是否有伴随胎动的加速反应。一般胎心监护为 30 分钟，良好的胎心率加速反应是：20 分钟内至少有 2 次（包含 2 次）胎动伴随胎心加速，持续时间为至少 15 秒，胎心率每分钟至少比胎宝宝安静时快 15 下。这样的结果正常意味着你的宝宝目前多半状况良好。

到了孕 38 周时，一次性胎心监护期间无加速反应，也不要太担心，因为足月健康胎儿可在 75 分钟内无胎动，但要注意基线率和变异度，另外需在 24 小时内重复。可以在胎心监护时，故意吵醒胎宝宝，让其动起来，进而观察胎心率是否有加速情况。

胎心异常

胎心异常多数情况下代表胎宝宝有宫内缺氧情况，但并不是所有的胎心异常都是缺氧引起。除了宫内缺氧，孕妈妈本身的情况也会影响胎心的变化，比如孕妈妈本身心率就比较快或者比较慢，也可能会导致胎宝宝胎心搏动快或者慢。因此在有胎心异常时，需仔细地分析情况，做出正确的判断及处理。

科学胎教，和胎宝宝“玩儿”

孕6月，胎宝宝的听觉神经非常敏锐，如果听到声音非常大，他会从睡梦中醒来；如听到喜欢的音乐，也会做出反应，胎教做起来更加有趣味了。

胎教不是教知识：胎教是指促进胎宝宝生理上和心理上的健康发育成长，同时确保孕妈妈能够顺利地度过孕期所采取的精神、饮食、环境、劳逸等各方面的保健措施，所以孕妈妈良好的心态、孕育环境都是胎教，而不仅仅是知识。

孕1月就可以做胎教：胎宝宝的大脑在发育之初，就能感受到强烈的情感，能对各种情绪形成印象，这些印象能持续影响孩子的一生。孕1月，虽然受精卵还在分裂期，但孕妈妈良好的心情会创造出良好的孕育环境，在这个环境发育的胎宝宝更健康。

孕10周开始抚摸胎教：从怀孕的第5周开始，胎宝宝即有较复杂的生理反射机能；孕10周时已形成感觉、触觉功能，此时经常抚摸孕妈妈的肚子，胎宝宝能感受到因抚摸而带来的刺激，有利于建立神经连接。

孕17周的声音胎教：孕17周的胎宝宝开始对声音有反应，到了孕6月，听觉神经已经非常敏锐，此时对着孕妈妈的肚子说话，或者播放胎教音乐，胎宝宝都能听见了，这是增加胎宝宝感知觉的好时候。

你得做点啥

和孕妈妈一起学习、了解科学的胎教知识，并做好准备。

为孕妈妈和胎宝宝准备好听的音乐，可以选择孕妈妈喜欢的音乐或者声音，每天晚餐后，在胎动频繁的时候，可以放给胎宝宝听。

疼爱孕妈妈，让孕妈妈保持愉悦的心情，对胎宝宝来说，这也是非常好的胎教了。

胎教怎样做

孕6月，胎宝宝胎动增加，和胎宝宝一起“玩儿”是一种非常好又有趣的胎教活动。

晚餐后，孕妈妈感觉到胎动的时候，可以在沙发或椅子上半躺，此时可以一边和胎宝宝说话，一边用手掌去碰触感觉胎动的位置，你会发现胎宝宝会跟着妈妈碰触的位置动，再长大一些，到孕晚期，胎宝宝甚至会与孕妈准爸隔着孕妈妈的肚皮“击掌”，或者“踢”爸爸妈妈的手掌。

此时孕妈妈可以握着准爸爸的手，去抚摸胎动位置，让准爸爸一起感受这奇妙的时刻。准爸爸可以和胎宝宝说说每天遇到的好笑的事情，也可以给胎宝宝讲甜蜜的成长故事，和孕妈妈胎宝宝一起度过愉悦的时光。

孕妈妈欣赏美的事物

孕妈妈可以去博物馆或者美术馆看一些美图和名作，那些绚丽的色彩刺激，以及平和的心情，还有博物馆、美术馆中安静的欣赏氛围都会不知不觉地给胎宝宝带来影响。

如果担心博物馆、美术馆人太多，准爸爸也可以为孕妈妈准备一些名人的名画，或者一些孕妈妈看着感觉很舒服的画作都可以。

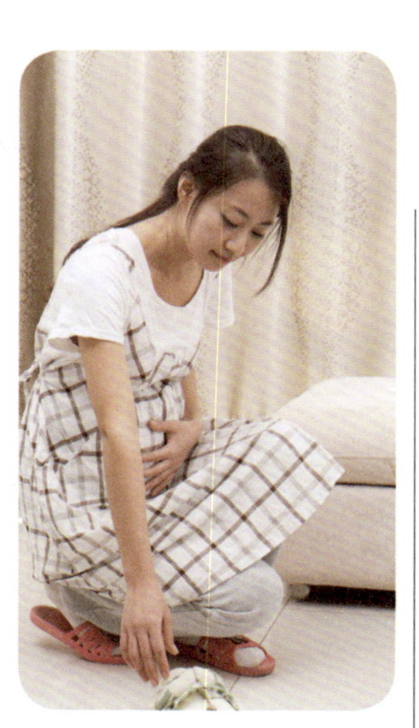

每天胎教 10 分钟

1 胎教可以随时随地进行，但在胎宝宝醒着时进行，会更有趣，对胎宝宝的影响也更明显。

2 胎宝宝醒着时，无论是和胎宝宝“玩儿”，还是阅读故事，时间都不宜太长，10 分钟即可。

3 胎教时给胎宝宝选择的故事、音乐等应选择轻松、愉快、积极的，这样的故事、音乐产生愉悦的力量，对胎宝宝更好。

4 孕妈妈养成良好的生活习惯，吃健康食物，不挑食、偏食；按时作息等，也会潜移默化地影响胎宝宝。

5 意念胎教。有研究表明，如果孕妈妈经常想象小宝宝的形象，则宝宝出生后的模样与这种设想的形象在某种程度上将会较为相似。

孕 6 月生活细节注意事项

出行要选择安全的交通工具

孕妈妈出行不宜乘坐颠簸较大、时间较长的长途公共汽车，如果可能，尽量坐火车或飞机。如果是乘坐私家车做长途旅行，最好一两个小时停车一次，下车步行活动活动，有助血液循环。

要随时注意孕妈妈身体状况，留意任何不适状况，只要有必要就去看医生。

正确俯身弯腰

孕 6 月后，孕妈妈要尽量避免俯身弯腰，以免给脊椎造成过重的负担。如果孕妈妈要从地面捡拾东西，俯身动作不仅要慢慢、轻轻地向前，还要首先屈膝并把全身的重量分配到膝盖上。孕妈妈要清洗浴室或是铺沙发也要照此动作。

细嚼慢咽防止胃灼热

孕 6 月可能会出现胃灼热情况，细嚼慢咽和少量多餐也可以减轻肠胃负担，从而帮助更有效地消化食物。另外，当孕妈妈出现胃灼热时，不要躺着，可以站立或从床上坐起来，通过改变身体姿势，借助重力帮助消化系统运动。

不乱想，保持好心情

遇事多往好的方面想，要经常提醒自己，不要过于沉溺于负面情绪中。心情低落时，可以找朋友一起聊一聊，或者和准爸爸诉说。也不要过于担心胎宝宝，绝大多数胎宝宝都是健康、顺利地出生的，不要过于担心。

皮肤瘙痒别轻视

孕中晚期出现的局部甚至全身瘙痒，如果同时伴随皮肤、巩膜发黄，除了因为孕期新陈代谢的原因外，还有可能是妊娠期肝内胆汁淤积症，孕妈妈不应疏忽大意，要及时到医院检查。

怀孕了更要呵护头发

由于孕激素的分泌，孕妈妈会感觉头发出现很多新问题。

孕期头发爱油、脱发是怎么回事

孕期出现头发太油或者脱发等问题，其实都是由于孕妈妈内分泌变化引起的，在分娩后，这种情况就会慢慢消失的。不过，如果孕期能够采取一些护理措施，不仅让孕妈妈感觉更加清爽，也能缓解头发油、脱发的情况。

选择合适的洗发用品。孕妈妈最好选择无硅油的洗发用品，洗发用品中的硅油可以令头发更加柔顺，但硅油堵塞毛囊也是导致脱发的重要原因。孕妈妈在选择洗发、护发用品时，最好选择无硅油。刚开始使用无硅油洗发用品，可能会令头发看起来非常毛糙，这是头发有点不适应，一般坚持使用 2 个月，情况就会恢复。

头发不宜洗得太勤

建议头发很容易油的孕妈妈春秋季节，可保持每 2~3 天洗 1 次的频率，夏季可以稍微洗勤一些，一两天洗 1 次；冬天每周洗 2 次即可。

发质比较干的孕妈妈春夏可每周洗 3 次，秋冬可每周洗 2 次。当然如果觉得每天必须洗头的话，也可以减少洗发水的用量，不必每次都进行深度清洗。

头发变得干、脆怎么办

有的孕妈妈头发不会变油，相反会变得又干又脆，这是由于头发缺乏营养，角蛋白不足导致弹力变差引起的。孕妈妈可以适当增加蛋白质营养摄入，在洗发、护发用品的选择上也可以选择一些具有滋养头发，能保留水分、补充头发营养的用品。

准爸爸日记

和妻子结婚多年，除了恋爱、刚结婚的时候还彼此给对方吹干过头发，这些年都没做过了。因为“宝宝”的到来，今天又帮妻子擦干头发，重拾了恋爱时期的那种甜蜜，原来帮对方做事是这么幸福啊。宝宝，很感谢你哟，因为你，爸爸感觉到这么快乐，很期待以后和你在一起的更快乐的日子……

孕 6 月孕妈妈吃点啥

孕 6 月，胎宝宝通过胎盘吸收的营养是初孕时的五六倍，孕妈妈比之前更容易感觉到饿，孕妈妈需要在保证原来饮食的基础上，进行饮食结构的细微调整。这个时候除了正餐要吃好之外，加餐的质量也要给予重视。少食多餐是这一时期饮食的明智之举，同时饮食调味宜清淡。

鉴于孕中期女性的身体状态，中国营养学会发布了《中国孕期妇女平衡膳食宝塔》，相比于备孕及孕早期，平衡膳食宝塔的第一层油、盐类没有变化，其他层在数量上都做了稍微的调整。

孕中期妇女平衡膳食宝塔

层级		食物类别	补充量	备注
第 5 层		加碘食盐	< 6 克	——
		油	25~30 克	——
第 4 层		奶类	300~500 克	——
		大豆 / 坚果	20 克 /10 克	——
第 3 层	肉禽蛋鱼类（150~200 克）	瘦畜禽肉	50~75 克	每周 1~2 次动物血或肝脏
		鱼虾类	50~75 克	
		蛋类	50 克	
第 2 层		蔬菜类	300~500 克	每周 1 次海藻类蔬菜
		水果类	200~400 克	
第 1 层	谷薯类（275~325 克）	全谷物和杂豆	75~100 克	——
		薯类	75~100 克	
其他		水	1700~1900 毫升	——

孕中期膳食指南关键推荐

相比于孕早期，孕中期在蛋白质、碳水化合物、水果方面都有数量上的增加，以便为孕妈妈和胎宝宝的发育提供充足的营养。

1. 大豆及豆类食品每天增加 10 克；牛奶增加 200 毫升左右，这意味着孕妈妈此时牛奶要比孕早期多喝一包，豆浆或者豆腐也要适当多吃一些。

2. 富含蛋白质的肉类，也需要多吃 15 克，大约是牛肉面里一片牛肉的大小。

3. 水果比孕早期多 50 克，一般一个苹果分 4 份，其中一份即 50 克左右。孕妈妈可以比照这个大小增加。

孕妈妈蔬菜水果要这样吃

根据中国营养学会给孕中期女性的建议，蔬菜每天为300~500克，水果为200~400克，这意味着孕妈妈摄入蔬菜和水果的比例为2:1比较合适，符合孕妈妈所需营养。蔬菜的品种丰富，孕妈妈尽量选择新鲜应季的蔬菜，营养流失少，春秋可以多吃些芽叶茎类的蔬菜，如菠菜、韭黄、豌豆苗、蚕豆芽等；冬季可以多吃一些果实类、块茎类的蔬菜如萝卜、土豆、洋葱等。

孕妈妈每天可以吃一些菌类，最好占到每天蔬菜总量的10%~20%；叶菜应保持在每日蔬菜摄入量的50%以上，最好保证每天都有深色的蔬菜。

别用水果代替蔬菜

蔬菜、水果虽然都是维生素、矿物质、膳食纤维的来源，但单独的水果和蔬菜中所含的营养并不全面，而且水果中糖含量大体上比蔬菜高，经常用水果代替蔬菜可能会导致孕妈妈血糖增加，还会出现营养不良的情况，比如膳食纤维摄入不足等，加重便秘、胃酸等孕中期不适。建议孕妈妈还是均衡摄入营养，尽量多的涉及食物种类，在数量上可以稍微控制一下。

这样的蔬菜水果要少吃

1 在条件允许的情况下，尽量选择吃新鲜的，少吃久置、久存的。

2 切开放置一段时间的水果，尽量少吃。水果中含有丰富的水分和糖，一旦切开，切面上析出的水和糖会黏附空气中的微生物及细菌，放置时间久了，微生物、细菌滋生更多，孕妈妈吃了后可能会导致腹泻或不适。

3 少吃剩菜。蔬菜经过烹制以后，随着时间的流逝，其中所含的细菌量以及硝酸盐等有害成分越来越多，孕妈妈尽量少吃。

4 少吃生的蔬菜。新鲜而没有经过烹制的蔬菜营养流失少，很多孕妈妈希望能尽量多地摄取营养，所以喜欢生吃。生菜，尤其是有机菜上有寄生虫卵的危险。

其实，孕妈妈除了改变不良的习惯外，尽量遵循以往吃蔬菜水果的习惯就好，这样孕妈妈吃得舒服，心情愉悦，对身体健康就是好的。

一周科学营养餐单

孕6月，孕妈妈应继续保持科学而合理的饮食摄入，饮食结构要全面，在食物的种类上尽量求多，但在数量上要控制的饮食原则，有条不紊地摄入营养。不过，由于本月胎宝宝成长快，所需大量的铁，如果孕妈妈体内储存不足，就容易发生贫血情况。此时可以有意识地通过食物进行补充。

孕妈妈在通过食物补充铁质时，最好进食富含蛋白质、B族维生素、维生素C的食物，因为这3种物质有助于人体吸收铁质。

星期一

早餐
芝士三明治
牛奶
蔬菜坚果酸奶沙拉

午餐
土豆饭
豌豆鸡丝
炒丝瓜
猪血蘑菇汤

晚餐
酸汤水饺
奶汁烩生菜
肉丝炒豆芽

加餐
草莓
花生浆

星期二

早餐
米饭
土豆泥
煎豆腐
海带汤

午餐
乌冬面
香菇油菜
煎带鱼
苹果汁

晚餐
瘦肉粥
虎皮尖椒
炒胡萝卜丝

加餐
烤馒头片
核桃仁

星期三

早餐
烧卖
煎蛋
豆浆
苹果

午餐
蛋炒饭
凉拌黄瓜
红烧肉
青菜豆腐汤

晚餐
翡翠鲜虾面
腰果拌西芹
炝炒圆白菜

加餐
黄瓜
粗粮饼干

草莓

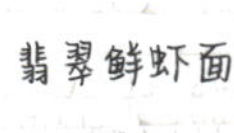

翡翠鲜虾面

青菜丸子汤

缓解胃灼热

饮食要多样化，多吃营养高、易消化吸收的食物，补充蛋白质尽量选择鱼、虾、蛋、奶、豆制品等。

星期四

早餐
小米红枣粥
鸡蛋
芝香油菜
牛奶

午餐
紫菜包饭
凉拌金针菇
牡蛎炒生菜
蔬菜汤

晚餐
花卷
凉拌彩椒
土豆炖排骨
桂花银耳汤

加餐
橙子
酸奶布丁

星期五

早餐
面包片
鸡蛋
芦笋培根
橙汁

午餐
红豆饭
冬笋冬菇扒油菜
炒莴笋
鸭肉冬瓜汤

晚餐
黑芝麻饭团
豉香牛肉片
炒油麦菜
红枣枸杞茶

加餐
猕猴桃
榛子

星期六

早餐
杂粮馒头
煎蛋
素什锦
火龙果

午餐
小米黑豆饭
葱爆羊肉
醋熘白菜
青菜丸子汤

晚餐
蒸红薯
清炒西蓝花
木耳山药
苹果甜椒饮

加餐
开心果
花生

星期日

早餐
蒸饺
鸡蛋
西红柿汁

午餐
豆角焖米饭
山药炖羊排
炒蒿子秆
西红柿豆腐汤

晚餐
紫薯粥
甜椒炒鱼条
青笋拌豆芽
木瓜牛奶

加餐
黑布朗
酸奶
松子

营养素补起来

补充维生素 B_1。孕妈妈可以通过调整饮食中谷类、豆类、坚果、酵母的比例和数量来补充维生素 B_1。

第 21 周

适当补铁。孕妈妈可以从动物肝脏和血、瘦肉、贝类、蛋、坚果等食物中获取。

第 23 周

持续补钙。补钙食物有奶及奶制品、豆及豆制品、肉类、蛋等，需要注意膳食中的草酸会影响钙的吸收，尽量分开摄入。

第七章 孕7月

孕7月了，孕妈妈从刚刚怀孕还不知所措到现在已经和胎宝宝平静地度过了7个月的时间。从现在起，孕妈妈可能会渐渐体会到孕育的辛苦，肚子大了，行动越来越不便，但不要担心，孕7月还是会在孕妈妈轻松愉悦的心情中度过的。

胎宝宝的样子

孕7月，胎宝宝更像“小人儿”了，身体可以长到35~38厘米，体重1000克左右，身体的各个系统、各项机能正在不断发育完善。

孕25周：皮肤比上周舒展很多，也变得饱满了；感觉器官中味蕾正在形成，可以品尝到味道了；大脑神经发育又一次进入了高峰期，大脑细胞迅速增殖分化，体积增大；动作更加敏捷、协调，对光的反应也更加敏感。

孕26周：胎宝宝的体重将会增长150~200克，全身依然覆盖着细细的绒毛；胎宝宝的听力系统，包括外耳感觉末端感受器和大脑神经连接，已经完全形成，对声音更加敏感；视觉神经开始工作；胎宝宝有了呼吸，但肺部尚未发育完全。

孕27周：此时胎宝宝大脑活动异常活跃，大脑皮层表面开始出现沟回；头上已经长出了短短的胎发，眼睛已经可以睁开和闭合了；睡眠也变得非常规律；女宝宝的小阴唇开始发育，而男宝宝的睾丸还没有降下来。

孕28周：大脑继续发育，开始做梦了；脂肪层也继续积累，胎宝宝整个身体几乎充满了整个子宫；睫毛已经完全长出来了；正努力地练习呼吸运动，但肺叶还没有发育完全，还不能真正地呼吸空气。

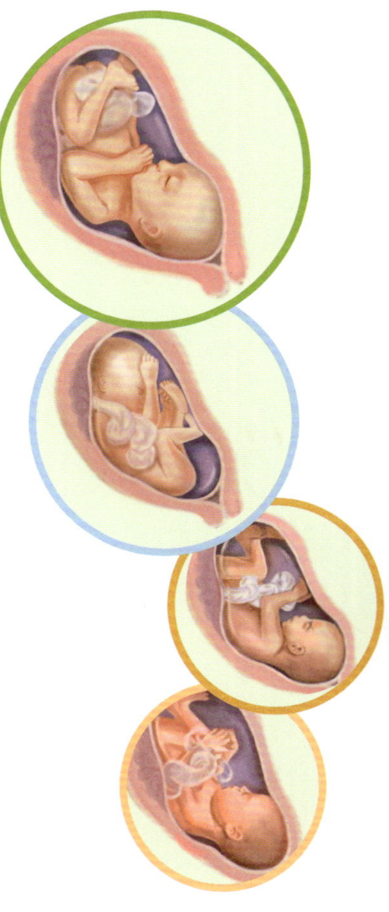

你得做点啥

本月起，孕妈妈出行不便，所以在孕妈妈出行时，准爸爸最好陪同，并为孕妈妈做好出行的准备，如带好水、水果、座椅的靠垫等。

为孕妈妈准备好新鲜的瓜果蔬菜，帮孕妈妈保持良好的孕育体质，缓解孕期便秘。

和孕妈妈一起进行胎教。因为本月胎宝宝对声音和光都很敏感，准爸爸可以给胎宝宝讲故事，也可以进行光照胎教，但注意时间不要太长。

给准爸爸讲科普：学会数胎动

一般从孕 28 周开始，胎宝宝能养成比较规律的生活节奏了，他会有睡眠和觉醒的周期，伴随着胎动也有一定的规律性了。孕妈准爸要了解胎宝宝的胎动规律，自己数胎动，了解胎宝宝成长情况。

孕 7 月胎宝宝胎动规律，醒着时，胎动次数多，胎动的幅度也比较大；当“宝宝”睡觉时，胎动次数明显减少，即使有胎动，动作也很小。

大多数孕 7 月、孕 8 月的胎宝宝一天之中有 3 个时段胎动相对频繁，分别是上午 8~9 点、下午 1~2 点和晚上 8~9 点。孕 36 周后，由于胎宝宝长大，子宫空间变小，胎宝宝胎动稍有减少。一般晚上 8~11 点胎动最多，有些还会动到半夜。孕妈准爸可以在胎动多时，自行进行胎动监测。

如何正确数胎动

数胎动时要求环境安静，孕妈妈心情平稳。数胎动前，孕妈妈先排尿，然后半卧位或坐位。

孕 7 月，孕妈妈可以在每天早上、下午、晚上胎动频繁的时候数胎动。

如上午 8~9 点胎动 3 次，下午 1~2 点胎动 4 次，晚上 8~9 点胎动 4 次，胎动数值为:（3+4+4）×4=44（次）。

如果得出的结果在 30 次以上，这说明胎动良好；如果得出的结果在 20 次左右，可密切关注；如果胎动次数在 10 次以下，应该及时就医。

如何确定胎动异常

不同胎宝宝的胎动频率是有差异的，所以孕妈准爸数胎动需要有持续的记录。如果累计 2 小时内胎动次数达不到前一天 1 小时的次数（即胎动减少一半），也应判断为胎动减少；如果 1 个小时的次数就超过前一天累计 2 个小时胎动次数（即胎动增多一半），应判断为胎动增多。只要胎动次数急剧减少，就应立刻去医院进行检查。

不过胎动因胎宝宝而异，每个胎宝宝都有自己的活动规律，只有孕妈妈本人清楚胎宝宝的活动规律。

孕妈妈的身体变化

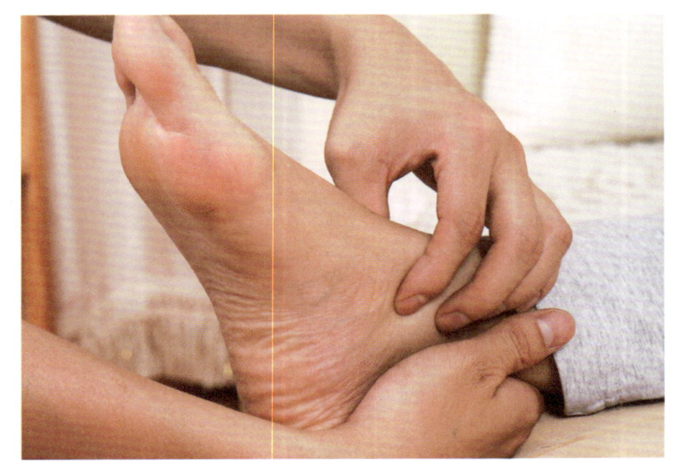

体重

这个月孕妈妈的体重持续增长，还是应控制增长2千克以内。从现在起，孕妈妈穿不加束缚的衣服会更舒服。

子宫

本月宫底上升到脐上1~2横指，子宫高度为24~26厘米，依然挤压着胃和肺部，所以孕妈妈的胃灼热感以及上下楼会喘的情况依然存在。由于子宫的变化，孕妈妈身体为保持平衡略向后仰，腰部易疲劳而疼痛。

此时孕妈妈保持重心平衡是个问题，要注意不要挺着肚子走路，走路时要尽量挺直腰背。

乳房

孕7月，孕妈妈乳房会偶尔分泌出少量乳汁，这是正常的。此时孕妈妈要注意进行乳房护理，穿合适的内衣，每天坚持擦洗乳头；有乳头凹陷症状的，也要开始纠正，为今后的母乳喂养做好准备。

腿部抽筋

到本月末，由于孕妈妈体重增加或者体内钙不足，导致小腿肌肉负担加重，会出现腿部抽筋的情况。孕妈妈抽筋时，应尽量伸直抽筋的腿部，准爸爸可以帮助孕妈妈将脚板往孕妈妈身体的方向下压，会解除抽筋现象。同时孕妈妈也要注意补充钙质。

眼睛干涩

由于孕激素的分泌，此时有的孕妈妈可能会感受到眼睛不适，出现眼睛怕光、发干、发涩的情况，这是典型的孕期反应，可以通过按揉眼部，或者使用人工泪液等方式，让眼睛保持湿润，缓解不适。

双腿肿胀

增大的子宫压迫孕妈妈下腔静脉，阻碍静脉血液回流，造成体内钠和水分滞留，就导致孕妈妈双腿肿胀。只要没有合并妊娠高血压或者蛋白尿，一般没有大碍。孕妈妈可以通过休息时把脚抬高，或者多转动踝关节和脚部来促进血液循环，缓解肿胀感。

运动是缓解孕7月不适的好方法

随着胎宝宝的长大，孕妈妈的身体压力也越来越大，可能会出现一些不适。

脊椎运动缓解腰酸背痛

孕中期后，孕妈妈因子宫增大，身体重心前移，腰背肌肉紧绷，容易造成腰酸背痛甚至会辐射到臀部及大腿内侧。此时，脊椎运动就不可忽视了。而脊椎又是人们平时最难运动到的一个部位，推荐孕妈妈做脊椎伸展运动，这是减轻腰酸背痛的最好方法。

运动时需仰卧，双膝弯曲，双手抱住膝关节下缘，头向前伸贴近胸口，使脊椎、背部及臀部肌肉成弓形，然后放松，每天坚持练数次。在日常生活中孕妈妈也不宜久站，不宜提重物，不宜穿高跟鞋，以减轻脊椎的压力。

脚踝运动缓解腿脚水肿

随着胎宝宝体重的日益增加，为了能轻松行走，孕妈妈需要使自己的脚踝关节变得柔韧有力，这时可以做做脚踝运动。这既能锻炼脚踝，又能缓解怀孕晚期的脚部水肿。

孕妈妈需要坐在床上或地板上，抬起右脚，左右摇摆脚踝并转动脚踝，换左脚重复以上动作。左右脚各做10次。

颈部运动缓解颈肩不适

用下巴缓慢地写“米”字，每天锻炼10分钟，能有效缓解孕妈妈颈肩不适症状，而且还能让孕妈妈的脖颈看起来更年轻。仰头时尽量向后仰，感觉到颈部皮肤被拉得紧绷绷，并保持30秒；侧头时，感觉到相反方向的颈部皮肤被拉伸。

准爸爸日记

从两道杠预示着你的到来，到现在，你已经可以在妈妈的肚子里跟着爸爸的手踢小脚丫，已经过去7个月了。没想到，时间过得这么快，还有两个多月，我们就能真正地见面了，到时候你会是什么样子呢？是像妈妈多一些，还是像我多一些？我希望你能像妈妈多一些，因为在我眼里，妈妈是最美的。亲爱的宝宝，你要快快长大呀！

孕 7 月产检重点：妊娠糖尿病检查

妊娠糖尿病检查是孕妈妈需要进行的一项妊娠期糖尿病筛查，一般在孕 24~28 周进行检查。

妊娠糖尿病检查怎么做

做妊娠糖尿病检查时，一般分为两步进行，第一步是空腹抽血，测空腹血糖值；然后给孕妈妈 50 克葡萄糖粉，将其溶于 200 毫升水中,5 分钟内喝完，孕妈妈从喝第一口开始计时,1 小时后再次采血，测血糖值。

看懂检查报告单

糖尿病检查又称为 50 克糖尿病筛查，主要查看孕妈妈喝完 50 克葡萄糖粉水后的血糖值，如果此时血糖值小于 7.8 毫摩尔 / 升，则表示孕妈妈血糖正常。若孕妈妈此时身体没有出现异常情况，基本就可以排除妊娠糖尿病的风险。

但是，如果孕妈妈经常饥饿难忍，出现体重快速增加、羊水过多等异常情况，可能存在糖代谢问题，应及时去医院进行相关检查，医生会综合血压、是否水肿、血糖等多方面做出判断。

如果孕妈妈 50 克糖尿病筛查时，血糖值 ≥ 7.8 毫摩尔 / 升，则表明孕妈妈血糖值异常，需要进一步进行糖耐量实验。

做妊娠糖尿病检查的注意事项

由于体内血糖水平极易受到摄入食物的影响，所以检查的前 3 天正常饮食，但在检查前一天晚上 8 点后，应禁止进食。

糖尿病检查采血需要在空腹时进行，所以早上孕妈妈可以早点去医院，检查完再吃早餐。

在检查的前一天，不要吃过甜的水果，也不要大量吃水果，否则可能会影响第 2 天的检查结果。

需要注意的是，医生一般建议孕妈妈在孕 24~28 周做此项检查，但孕妈妈如有家族糖尿病史、体重过大，或者之前曾出现过妊娠糖尿病等时，糖尿病检查应提前到孕 20 周左右进行。

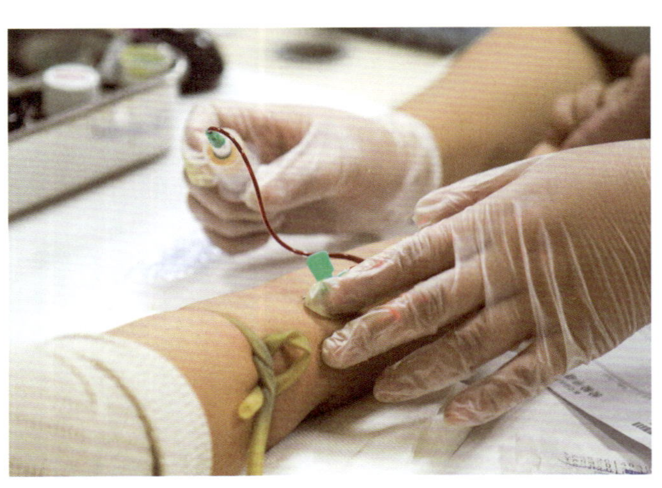

可能会做的特殊检查：糖耐量

如果 50 克糖尿病检查时，血糖值≥ 7.8 毫摩尔 / 升，则需要进行糖耐量检查。

糖耐量检查怎么做

这项检查不是所有孕妈妈都需要做，不过也有医院不做糖尿病检查而直接做这项检查。一般糖尿病检查结果显示高危的孕妈妈必须进行这项检查，以确诊是否患有妊娠期糖尿病。

糖耐量是口服葡萄糖耐量试验的简称，糖耐量检查需要空腹 12 小时，即前一天 20 点以后禁止进食，同妊娠糖尿病检查一样，先空腹抽血查血糖，然后将 50% 葡萄糖注射液 150 毫升加入 100 毫升水中，或将葡萄糖粉 75 克溶于 300 毫升水中，让孕妈妈 5 分钟内喝完。从孕妈妈喝第一口开始计时，分别查检 1 小时、2 小时后的血糖值。

一看就懂的糖耐量检查结果

空腹血糖值≤ 5.1 毫摩尔 / 升

1 小时血糖≤ 10.0 毫摩尔 / 升

2 小时血糖≤ 8.5 毫摩尔 / 升

在以上 3 个数值中，如有 2 项达到或超过正常值，则可诊断为妊娠期糖尿病，仅 1 项高于正常值，则诊断为糖耐量异常。一旦诊断为妊娠期糖尿病，就要进行针对性的运动、饮食指导及血糖监测甚至药物治疗。

糖耐量异常该怎么办

高龄孕妈妈经常会遇到血糖高，糖耐量异常，但尚未到患妊娠糖尿病地步的情况，此时也不要担心，继续监测孕妈妈的血糖情况，并开始严格控制饮食。

饮食以清淡为主，减少主食摄入，但不可断主食，可将每天主食摄入控制在 150 克以内。

尽量少吃或者不要吃含糖的食物，如蛋糕、荔枝、香蕉等，这些食物中的糖会直接被人体吸收。最好选择一些含糖量低的食物，如苹果、梨，也可以通过吃黄瓜、西红柿来代替部分水果。

如何预防妊娠糖尿病

妊娠糖尿病是糖尿病的一种特殊类型，是指妊娠期间才出现或首次发现的糖尿病或任何程度的糖耐量异常，有5%甚至更多的女性在怀孕期间会发生糖尿病。该如何预防妊娠糖尿病呢？

控制体重：体重与糖尿病关系密切，孕前、孕期体重应控制在合理范围，孕中期体重每个月增加以不超过2千克为宜。

摄取正确糖类：孕妈妈应尽量少吃含糖量高的食物，避免加葡萄糖、冰糖、蜂蜜等甜食，防止摄取糖量过多，热量过高，代谢异常，产生酮体。

注意饮食均衡：孕妈妈在孕中期、孕晚期食量会增加，但要注意饮食结构的均衡，主食要合理食用，高含糖量的食物要少吃，合理增加肉类、蛋、奶及蔬菜的摄入。而且应少食多餐，孕妈妈每天摄取食物次数为5~6次，摄入间隔要均匀，不要空腹太久。

多摄取膳食纤维：高膳食纤维食物摄入不足虽不会对身体造成危害，但摄入量恰当能延缓血糖升高，预防妊娠糖尿病。孕妈妈在怀孕期间要适当多吃富含膳食纤维的食物，如粗粮、绿叶蔬菜等。

你得做点啥

做孕妈妈的私人营养师，帮孕妈妈搭配好每天餐点，帮孕妈妈控制高糖水果的摄入。生活中常见的高糖水果有香蕉、榴莲、提子、葡萄、西瓜、甜瓜、芒果等，孕妈妈可以吃这些水果，但要注意少吃，比如甜瓜、西瓜一天只吃一牙儿等。

和孕妈妈一起运动，适量合理的运动可有效提高胰岛素的敏感性，促进糖的代谢，准爸爸可以和孕妈妈一起设计孕期运动计划，并和孕妈妈一起运动。

确诊妊娠糖尿病的护理原则

妊娠糖尿病检查不过关不一定就是妊娠糖尿病，妊娠糖尿病还需要根据孕妈妈的个人情况判断。

妊娠糖尿病检查以及糖耐量实验与孕妈妈前一天摄入的饮食密切相关，如果在检查的前一天吃了过多的主食，或者多吃了几块甜水果，都有可能会造成糖尿病检查时血糖值过高的情况。所以在检查出血糖值高时，孕妈妈先别慌，可以调整饮食，持续观察一段时间。如果空腹、摄入糖1小时、2小时血糖值中有2项超出正常标准，孕妈妈就要格外注意，听从医嘱，严格控制饮食，如需要治疗，则必须进行治疗。

患妊娠糖尿病该怎么办

如果诊断为妊娠糖尿病，孕妈妈不要着急，首要做的事是放松心情，制定计划。准爸爸要和孕妈妈进行密切的沟通，和孕妈妈一起努力奋斗，战胜妊娠糖尿病，守住孕妈妈的健康，让胎宝宝顺利出生。一般可以分3步:

第1步：分餐。根据营养科医生建议，把孕妈妈全天进食的总量由原来的3餐/天，变成每天5~6餐，相应减少每餐摄入量。

第2步：持续监测血糖。主要测空腹及餐后2小时血糖，如果餐后血糖多次在5~7毫摩尔/升，恭喜孕妈妈，但需要继续努力。如果多次餐后血糖在7~10毫摩尔/升，则要在医生的指导下采取胰岛素治疗。

第3步：在餐后进行适量的散步，步行30分钟，有助于餐后血糖下降。

妊娠糖尿病饮食如何控制

1 适当限制糖的摄入量，可用富含膳食纤维的糙米、燕麦来部分代替精制米面；多食用一些富含膳食纤维、维生素的绿叶蔬菜。

2 保证蛋白质摄入。孕妈妈应保证每天150~200克肉禽蛋食物摄入，保证300~500克奶的摄入，保证充足的蛋白质供应。

3 加蔬菜，减水果摄入。蔬菜含有丰富的营养，但热量密度低，而且含有大量的膳食纤维，有助于降低一餐食物的血糖指数和血糖负荷。

4 坚果不宜吃太多。坚果中含有丰富的脂肪，热量高，过多食用也会造成热量摄入过多，影响血糖控制。

5 烹饪宜多选炒、蒸、烩、炖，少用油煎、油炸。

有妊娠糖尿病的孕妈妈要遵从医生的嘱咐定期抽血，监测血糖。

孕 7 月生活细节注意事项

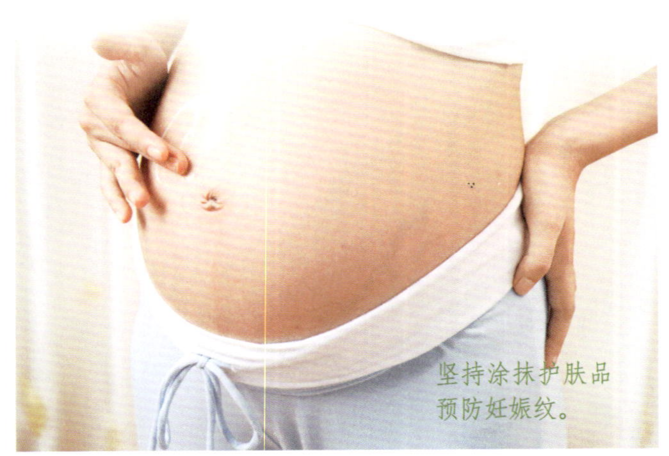

坚持涂抹护肤品预防妊娠纹。

注意腹部保暖

女性对寒冷比较敏感，而孕期寒冷会给女性生理造成影响，引发血管收缩，给孕妈妈造成身体不适，所以孕妈妈应注意身体的保暖。工作时或者外出时，孕妈妈要穿好衣物，避免腹部受凉。如果天气好，日光温和，可以多出去晒晒太阳。

孕中期、晚期尤其要注意是否会贫血，要有意识地补铁、补血。

不要出远门

孕 7 月的孕妈妈身体会开始笨拙，平时尽量不出远门，可以在家附近短时间的散步，不要长时间的站立，适当的活动一下就可以。

保持运动

孕期，孕妈妈更要坚持运动的习惯，每天保证 30 分钟以上的运动，如散步、做孕妇操、瑜伽等，只要孕妈妈感觉舒服的运动，都可以进行。

保证充足的睡眠

孕妈妈在睡眠中，脑垂体会继续制造成长的激素，这种激素是胎宝宝健康发育不可或缺的。所以孕妈妈在孕期保证充足的睡眠，也有利于胎宝宝成长。

持续预防妊娠纹

适度按摩肌肤，保持血流顺畅，可减轻或阻止妊娠纹的产生。孕 7 月，胎宝宝体重增长加速，孕妈妈体重增加也极易“超标”，快速增长的体重很容易造成妊娠纹，所以孕妈妈也要注意控制体重。

警惕不正常乳汁

随着进入孕期，孕激素分泌旺盛，有的孕妈妈会发现有乳汁分泌，这是很正常的。不过，孕妈妈也不可大意，要经常自我监测乳房，观察是否有非乳汁的液体分泌，这可能代表有其他潜在的乳房疾病。

对于孕期中的生活细节，孕妈妈不必过于小心，一切以孕妈妈感觉舒服为宜。

教准爸爸学按摩，给孕妈妈缓压

孕 7 月，孕妈妈身体的酸痛更加明显，这时候要是准爸爸会按摩，将会大大缓解孕妈妈的孕期疼痛，让孕妈妈倍感贴心、舒适。

颈肩酸痛的按摩方法

孕妈妈颈肩酸痛是由于腰背部肌肉长期受力引起的，准爸爸不需要寻找特殊穴位，只要能促进孕妈妈颈部、肩膀、背部的血液循环，缓解肌肉的紧张，就能降低孕妈妈的酸痛感。准爸爸可以先从头部按摩开始，在孕妈妈洗漱完后，坐在沙发或椅子上，准爸爸将双手搓热，按从头顶到脑后的顺序按摩头部。用双手轻轻按摩头顶和脑后 3~5 次，用手掌轻按太阳穴 3~5 次，缓解头痛，松弛神经。

腰部按摩

腰部酸疼是孕妈妈孕中晚期最常见的情况，准爸爸在按摩时，可以与孕妈妈同侧坐于床上，准爸爸一只手扶着孕妈妈的肩膀，用另一只手的手掌、大鱼际或掌根部位，按揉孕妈妈腰部酸痛部位，注意手法要舒缓，力量要适度，以孕妈妈感觉舒服为宜。

腿部按摩

孕妈妈坐于或者躺于床上，准爸爸坐在孕妈妈腿侧，将双手搓热，把双手放在大腿的内外侧，一边按压一边从臀部向脚踝处进行按摩；按摩至小腿时，将手掌紧贴在小腿上，从跟腱起沿着小腿后侧按摩，直到膝盖以上 10 厘米处，反复多次促进血液循环，消除水肿，预防腿抽筋。

给孕妈妈按摩的注意事项

按摩时，准爸爸要将双手搓热，可以一边帮孕妈妈涂润肤乳或者预防妊娠纹膏一边进行按摩；按摩时间不宜太短，

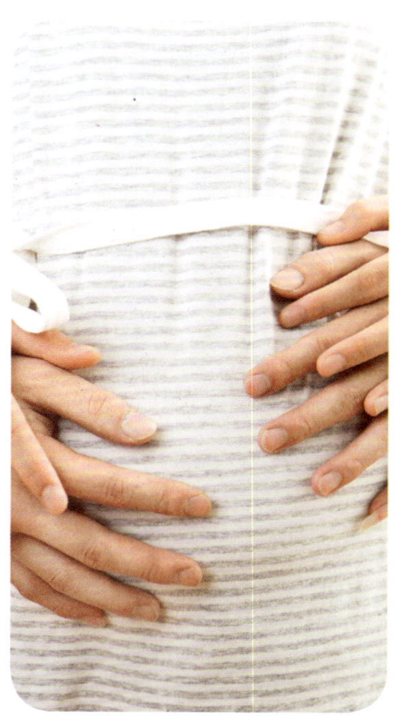

也不宜太长，以 15~30 分钟为宜；不要在孕妈妈饥饿和餐后马上进行按摩；手法要轻柔；按摩时要避开大腿内侧、乳头等部位，以免引起宫缩。

按摩还可以和胎教一起做，准爸爸可以一边给孕妈妈按摩，一边给胎宝宝播放欢快的胎教音乐，或者有趣的小故事。

孕 7 月孕妈妈吃点啥

孕 7 月，孕妈妈会面临妊娠糖尿病、妊娠高血压综合征的危险，在饮食方面需要额外小心，而胎宝宝此时正快速发育，需要大量的营养提供，因此孕 7 月孕妈妈的饮食需要准爸爸精心计划。

饮食宜清淡： 日常饮食以清淡为佳，不宜多吃动物性脂肪，减少盐分的摄入量，忌吃咸菜、咸蛋等盐分高的食品。忌用辛辣调料，多吃新鲜蔬菜和水果，同时还应控制高含糖量蔬果的摄入。

进食足够量的蛋白质： 要保证充足、均衡的营养，必须充分摄取蛋白质，多吃鱼、瘦肉、牛奶、鸡蛋、豆类等。水肿的孕妈妈，特别是由营养不良引起水肿的孕妈妈，要注意优质蛋白质的摄入。

保证丰富膳食纤维摄入： 孕妈妈要保证每天摄入足够的蔬菜、水果以及粗粮，每顿饭至少含有 2 种以上的蔬菜。蔬菜和水果中含有人体必需的多种维生素和矿物质，它们可以提高机体的抵抗力，加强新陈代谢，还具有解毒利尿等作用，可有效预防妊娠期高血压，并缓解便秘带来的痛苦。

多吃富含 B 族维生素的食物： B 族维生素能促进蛋白质、糖、脂肪酸的代谢合成，还能帮助身体组织利用氧气，促进皮肤、指甲、毛发组织的获氧量。

你得做点啥

了解一些营养学的知识，比如优质蛋白质大多存在于鱼肉、牛羊肉、蛋、奶中；孕妈妈需要摄入均衡的动物蛋白和植物蛋白，动物蛋白来源于肉、蛋、奶，而植物蛋白最好的来源是大豆及豆制品等。准爸爸了解营养学知识，才能为孕妈妈提供科学而合理的营养。

在情绪方面，准爸爸要注意在做家庭决定，或者是生活决策时，要和孕妈妈沟通、协商，不要行使自己的“大男子主义”，以免孕妈妈因此而生气、郁闷。

给准爸爸讲营养：如何搭配好一餐

准爸爸要做好孕妈妈的“营养师”角色，学习必要的营养知识，科学合理的饮食要从“搭配”开始。

孕妈妈的营养搭配：遵循“3：2：1”的饮食原则，所谓“3：2：1”就是把一天的分量分作6份，早餐吃3份，中餐吃2份，晚餐只吃1份，那么孕妈妈的早餐就是重中之重了。

馒头、粥和鸡蛋，或者豆浆、油条、鸡蛋的搭配，这是碳水化合物和蛋白质的搭配，是提供热量和能量的餐点，并不科学。科学的早餐四大食物种类不可少，分别是谷物、动物蛋白和植物蛋白、蔬果、水，搭配原则是多种少量，主食不可少，要有奶制品，而且蛋类也需要，果蔬非常好。

科学的早餐搭配可以参考：杂粮米饭2大匙、鸡蛋半个、煎豆腐3片、煎鱼块1块、海带汤1小碗、凉拌菜心半份，以及半个苹果。

午餐搭配参考

午餐担负提供人体一天40%能量的作用，孕妈妈的午餐更要保证充足能量的摄入。午餐的主食、肉类不可少，而且要本着膳食平衡、饮食多样的原则，增加蔬菜、水果种类的摄入。

如何把控食物的量

1 孕7月孕妈妈每天需摄入75~90克蛋白质，才能保证充足能量提供。这些蛋白质大部分来源于肉类、鱼虾、豆及豆制品、奶及奶制品、蛋类。

2 孕中期孕妈妈每天需要摄入脂肪60克，脂肪大部分来源于油脂类、奶类、肉类、谷类、坚果类。

3 孕妈妈需要每天摄入30克膳食纤维。膳食纤维主要来源于谷类、薯类、豆类、蔬菜和水果。

4 孕妈妈需要每天摄入25毫克左右的铁，铁主要来源于动物肝脏和血、瘦肉、红糖、坚果、蛋中。孕妈妈营养餐点也不必精准至每克，可根据个人喜好或者营养状态进行调整。

一周科学营养餐单

孕7月，孕妈妈的体重增加较快，因此应注意在均衡饮食的基础上，减少高脂肪、高热量的食物，适量增加富含维生素的食物。大多数维生素在体内无法合成，必须通过食物补充，但在烹调过程中特别容易损失，所以吃蔬菜时要注意烹调方式，尽量急火快炒，能生吃的则可以生吃。

本月食补的主打营养素是“脑黄金”类营养。“脑黄金”是指DHA、EPA、卵磷脂、脑磷脂等大脑所需要的营养，蛋黄、深海鱼以及坚果中含有丰富的此类物质，孕妈妈可适当多吃。

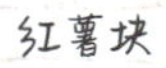

星期一

早餐
全麦面包
鸡蛋
煎豆腐
西红柿草莓汁

午餐
二米饭
松子核桃爆鸡丁
素炒西葫芦
银耳汤

晚餐
雪菜肉丝面
凉拌芹菜叶
尖椒炒猪肝

加餐
红薯块
李子
牛奶

星期二

早餐
蒸南瓜
煎三文鱼
凉拌空心菜

午餐
花卷
芦笋炒肉
甜椒炒香菇
海参汤

晚餐
芸豆粥
胡萝卜炒鸭肉
素炒绿豆芽
珍珠三鲜汤

加餐
火龙果
腰果

星期三

早餐
三鲜馄饨
芹菜拌腐竹
苹果

午餐
米饭
菜花炒肉片
素炒菜心
玉米牛蒡排骨汤

晚餐
香菇油菜疙瘩汤
糖醋莲藕
青笋炒肉
风味鸡丝

加餐
西红柿
黄瓜
酸奶

玉米牛蒡排骨汤

黑豆饭

给胎宝宝“补脑”

大脑细胞迅速生成需要优质蛋白质、维生素 E 等具有补脑作用的营养物质参与，每天吃一把坚果很重要。

星期四

早餐
煎馒头片
鲜香肉蛋羹
酸奶圣女果

午餐
黑豆饭
枣杞蒸鸡
海米白菜
芦笋口蘑汤

晚餐
蔬菜虾肉饺
什锦西蓝花
西芹炒香干
菌蔬汤

加餐
苏打饼干
牛奶

星期五

早餐
糙米绿豆糊
鸡蛋
凉拌萝卜丝

午餐
牛肉饼
炒苋菜
松仁海带汤
橙子

晚餐
芦笋蛤蜊饭
香菇豆腐煲
炒小白菜
山药腰片汤

加餐
核桃仁
苹果
牛奶

星期六

早餐
西红柿菠菜面
煎蛋
风味菜心
火龙果

午餐
黑豆饭
南瓜炖牛腩
炒木耳菜
口蘑鸡丝汤

晚餐
杂粮馒头
凉拌豆腐
菠菜鱼片汤

加餐
碧根果
梨
牛奶

星期日

早餐
荠菜包
南瓜玉米浆
炝拌豆腐干

午餐
杂粮饭
素炒青笋
木耳炒山药
金针菇豆芽汤

晚餐
五仁大米粥
紫薯
彩椒肉片
蒜香黄豆芽

加餐
香蕉
牛奶

营养素补起来

补充膳食纤维。孕妈妈每日摄入 30 克膳食纤维为宜，一般每天吃 3 份蔬菜以及 2 份水果即能满足。

第 21 周

α－亚麻酸为人体必需脂肪酸，是组成大脑细胞和视网膜细胞的重要物质。

第 23 周

DHA 是构成大脑皮层神经膜的重要物质，能维护大脑细胞膜的完整性，可促进脑发育、提高记忆力。

第八章

孕 8 月

从孕 8 月开始，孕妈妈正式进入孕晚期了，离真正见到宝宝的日子又近了一大步，胎宝宝的成长也越来越明显……在欣喜之余，孕妈妈的身体负荷也在增加，可能会出现一些不适的情况，但不用太担心，见到宝宝的那一刻，会觉得这一切都是值得的。

胎宝宝的样子

从本月起，胎宝宝发育开始进入即将完成的快速发育期，各器官以及身体机能更加完善，“成熟”得更像婴儿了。

孕 29 周：身长大约有 43 厘米；大脑和内脏器官继续发育，大脑的沟回增多，神经细胞之间的联系加强，能自己控制呼吸和体温；头和身体的比例已经协调，五感也更加敏锐。

孕 30 周：本周胎宝宝身长比上周又长了 1 厘米左右，体重也继续增加；骨骼在继续变硬，骨髓开始造血；大脑和肺部继续发育；眼睛能够自由睁合，脚趾也在生长；头发越来越密。

孕 31 周：大脑和肺正处在发育的最后冲刺阶段，身长增长速度趋缓而体重迅速增加；眼睛还会时开时闭，能够辨别明暗了，至能跟踪光源；皮下脂肪更加丰富，皮肤上的皱纹变少了；身体和四肢继续长大，控制肌肉、四肢的活动更加熟练。

孕 32 周：本周胎宝宝体重可达 2 千克；肺和肠胃功能接近成熟，已具备呼吸能力，并能分泌消化液；生殖器发育接近成熟；皮肤变得粉嫩而光滑，脚趾甲也全部长出来了；已有满头的胎发，但头发稀少。

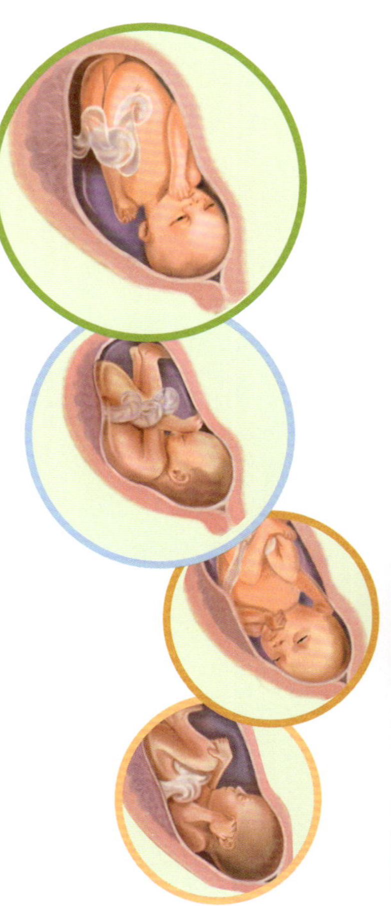

你得做点啥

要主动积极地学习孕晚期的护理知识，掌握一些异常情况的处理方法，有备无患。

孕晚期，孕妈妈可能会因为子宫增大带来的身体不适而心情不好，准爸爸要宽容对待孕妈妈的情绪波动，最好每天能为孕妈妈做腿部按摩，这对缓解孕妈妈的身体不适很有帮助。

保证孕妈妈的睡眠与休息时间，鼓励她做适当的活动。

给准爸爸讲科普：胎位

胎位是指胎宝宝在孕晚期体位、状态与孕妈妈骨盆之间的关系，是衡量胎宝宝能否顺产的指标之一。在孕8月向准爸爸介绍胎位知识，是因为孕9月末，胎宝宝胎头开始入盆，入盆胎位基本固定，无法再调整，所以孕8月和孕9月是调整胎位的好机会。

最利于顺产的胎位应该是胎头俯曲，枕骨在前，分娩时头部最先伸入骨盆，称之为枕先位，这种胎位分娩一般比较顺利。在临床上，一般“头先露”的胎位，除枕先位外，还有枕后位，即胎宝宝的头部朝下，但胎头由俯曲变为仰伸或枕骨在后方，也属于胎位不正。不过，不必担心，大多数枕后位的胎宝宝在临产前都会转向枕先位的。

胎位不正怎么办

在怀孕8个月之前，胎位不正是颇为常见的现象，孕妈准爸无须过于担心。随着孕周的增加，多数胎位不正的胎儿会自动转位成胎头在下的产位，在临产前转为正常胎位。在产科的处理方面，一般是以孕36周后胎宝宝在骨盆的状态为诊断依据，此时胎位不正的，才确定诊断。如诊断胎位不正，需要与医生讨论采用哪种分娩方式作为最佳选择。

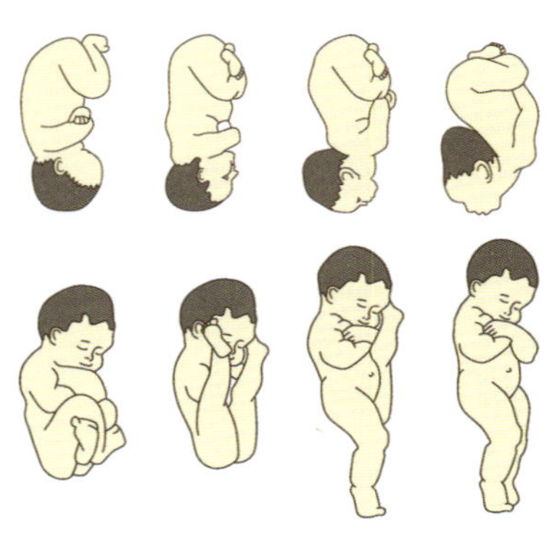

常见的几种胎位不正情况

1 枕后位，即胎宝宝的头部朝下，但胎头由俯曲变为仰伸或枕骨在后方。

2 额位，即胎宝宝胎头呈不完全仰伸的姿势，额头部位将成为胎宝宝的先露部。

3 颜面位，即胎头极度仰伸，胎宝宝枕部与胎背接触，常常在临产后发现。

4 肩位，即胎宝宝的肩部将成为分娩时最先露的部位。

5 臀位，是异常胎位中最常见的一种，即胎宝宝的臀部将成为最先露出的部位。臀位分娩易造成难产，所以在孕30周之前产检发现臀位，医生一般会建议调整。

6 复合位，即胎先露部位伴有肢体同时进入骨盆入口，称为复合位。临床上，胎宝宝的一手或者一前臂沿胎头脱出最常见，一般发生在早产者身上。

纠正胎位不正的几种方法

孕8月、孕9月胎宝宝活动比较频繁，胎位随时可能变化，所以在胎头入盆前两周是调整胎位不正的好时机，但一定要在医生指导下进行。

胎位臀位、横位——胸膝卧位

可于孕34周后，胎位仍为臀位或横位者。

于饭前或饭后2小时，或于早晨起床及晚上睡前做。做前，孕妈妈宜排空膀胱，穿宽松、有弹性的衣裤。

跪在床上，双膝分开与肩同宽，双膝弯曲，双膝及小腿贴在床面上，小腿与大腿呈90度直角，臀部尽量抬高。

胸肩贴在床上，头歪向一侧，双手放在头的两侧，形成臀部高头部低的姿势。

以胸部和膝部力量支持全身，不要用大腿夹住或者拖住腹部，保持这个姿势10~15分钟。这时胎宝宝头顶到母体膈处，借重心的改变来纠正胎宝宝的胎位。

孕妈妈刚开始做此动作时，会感觉到困难，可以在胸肩部位垫一个枕头，从坚持5分钟开始。然后逐步去掉枕头并坚持10~15分钟。每天早、晚共做2~3次，连续做1周后，复查胎位。

胎位枕横位、枕后位——侧卧位法

一般建议在孕36~37周进行。针对胎位是枕横位或枕后位的孕妈妈。

孕妈妈穿着宽松衣物，以舒服的姿势侧卧。侧卧时还可同时向侧卧方向轻轻抚摸腹壁，每日2次，每次15~20分钟。孕妈妈在孕26周后，也可在睡眠中注意采用侧卧姿势。

胎位外倒转术

胎位外倒转术是指通过外力手段，帮助胎宝宝转成正胎位的一种方式。但是此方法有一定的风险，受限于胎宝宝大小，羊水多少等情况，而且需要手法、技术都必须熟练的医生才能进行，孕妈妈要谨慎选择。

须在医生指导下进行。

孕 8 月产检重点：胎心监护

孕 32 周以后，孕妈妈每次去产检的时候，医生都会要求做胎心监护。这是动态监测胎宝宝 20 分钟内活动情况的检查，可以了解胎心、胎动及宫缩情况。

胎心监护的方法

一般监测不少于 20 分钟，在 20 分钟内若有 2 次胎动，且伴随胎宝宝心跳的加速达每分钟 15 次以上，持续至少 15 秒，则为正常；若胎动过少或无，则表示胎宝宝可能睡觉或缺氧。一般情况下，胎动过于频繁，胎心监护图往往呈现不连续的曲线。这时，医生会让过一会儿再来做测试。孕妈妈千万不要太着急，心情也会影响胎宝宝哦，要放松心情再做。

胎心监护几种常见结果

胎心率每分钟在 120~160 之间，完全符合上述标准，则表明胎宝宝大多数是正常的。

若胎心率超出 160 次 / 分钟，则要看宫内压力曲线或者是否有胎动，如伴随胎动或者宫缩出现的胎心率增加，加速达每分钟 15 次以上，持续至少 15 秒，表明大部分情况胎宝宝是良好的。

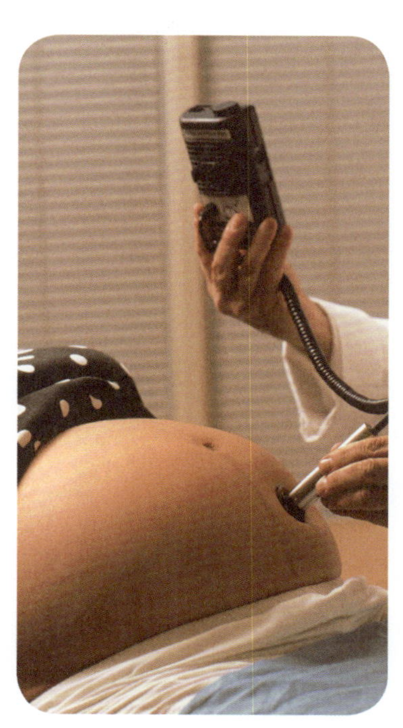

做胎心监护的注意事项

很多孕妈妈做胎心监护时都不是一次通过的，其实大多数的时候胎宝宝并没有异常，只是睡着了而已。所以，孕妈妈在做检查前就要把胎宝宝叫醒。孕妈妈可以轻轻摇晃腹部或者抚摸腹部，把胎宝宝唤醒。也可以在检查前的 30 分钟内吃些巧克力、小蛋糕等甜食。

怎么找胎心

由于胎动通常是胎宝宝手脚在动，所以右侧感到胎动频繁时，胎心一般在左侧；左侧感到胎动频繁时，胎心一般在右侧。头位和臀位也可以影响胎心的位置。头位时胎心在脐下，臀位时胎心在脐上。

胎心监护就像是反映宝宝状况的晴雨表，让我们隔着肚皮也能了解他的状态。这是我们判断宝宝是否健康的有效方法，还是应该积极配合医生。

孕妈妈的身体变化

体重

本月孕妈妈的体重持续增长，最佳增长为0.4千克/周，1个月体重增长以不超过2千克为宜。

子宫

子宫还在增大，但增大幅度变小，子宫壁被拉伸，孕妈妈开始出现肚子发紧的假性宫缩症状，腹部会出现麻麻的感觉。

皮肤

如果孕妈妈本身属于干性皮肤，且孕早期、孕中期没有做好预防，从本月开始，孕妈妈的腹部、大腿部位的皮肤开始出现妊娠纹。

耻骨疼

这是孕妈妈身体为胎宝宝长大以及分娩做的准备，通常会在坐起和翻身，或双腿张开时会较疼痛。建议孕妈妈坐起、翻身时，动作幅度要小。如果十分疼痛，建议多卧床休息。

手指发麻

常见于孕28~30周，是因为孕妈妈血液循环不佳引起的。当有手指发麻的情况时，孕妈妈起来活动一下，或者捏捏发麻的手指，促进血液循环，也有缓解作用。

气短

进入孕8月，孕妈妈会发现自己呼吸更加费力。这是因为子宫逐渐增大对膈造成的压力增大的缘故，孕妈妈要注意调整呼吸节奏。

本月分泌物增多、尿频等变化依然存在，有的孕妈妈还会感觉到宫缩。

这些变化在孕晚期会给孕妈妈带来一些不适，通常没有根本的解决办法，孕妈妈坚持一下，随着分娩的到来，这些不适会消失。

宫缩了？不要慌，可能是假的

从孕 28 周开始，孕妈妈有时候会感觉腹部一阵阵发紧、变硬的现象，医学上称之为“假性宫缩”。

假性宫缩一直都存在

其实假性宫缩在孕 6 周时就存在了，但是由于这时候宫缩不明显，孕妈妈通常感觉不到，到了孕 28 周后，孕妈妈会感觉到假性宫缩。然后随着胎宝宝的长大，孕妈妈子宫肌肉较为敏感，孕妈妈感受到假性宫缩的次数越来越频繁。到了孕 36~38 周，子宫肌层处于不敏感的状态，较少发生子宫收缩的情况，孕妈妈也较少感觉到假性宫缩。在临产前，由于子宫下段受胎头下降所致的牵拉刺激，假性宫缩的情况会越来越频繁。这就是孕妈妈感觉到假性宫缩的规律以及出现情况。

如何辨别是假宫缩还是真宫缩

当宫缩出现时，或者感觉到宫缩时，孕妈妈不要慌，要继续观察。如果宫缩持续了一会儿，但不伴随疼痛，或者没有什么规律性，程度也不是持续加强的，并没有其他症状，如见红、破水或者持续时间逐渐延长，甚至达到 1 分钟左右时，基本可以判定为假宫缩。孕妈妈不必采取措施，深呼吸，静待假宫缩过去就好。

假性宫缩有什么感觉

孕妈妈会感到腹部发紧，有一阵阵变硬的情况，但是出现的时间没有规律，不疼痛，程度时强时弱，持续的时间比较短，出现的位置只限于下腹部或腹股沟区。经常会在孕妈妈较长时间保持了一个姿势时出现。

准爸爸日记

嘿，宝宝，你最近怎么样呢？你妈妈的肚皮这几天总是不自主地发紧、发硬，有时还会伴随着腿部发麻、小腹疼痛，这种症状来的并不规律，一般情况下，数十秒就会消失。问了医生，医生说是假性宫缩，有早产的风险，这可把妈妈吓坏了，变得小心翼翼。作为准奶爸，看着也着急，通过各种查询和询问，终于整理了相对完整的假性宫缩知识，这样妈妈终于可以放宽心了！宝宝，你要好好的啊，我们争取在预产期时准时“见面”。

孕晚期“睡不着”这件事

想睡就可以随时休息一下。

孕7月就开始了

很多孕妈妈在孕7月过去了一半的时候，就开始出现睡眠差、睡不着、总是做梦的情况，这是进入孕晚期的正常情况，大多数孕妈妈都会出现这种情况，不要太着急。

孕晚期“睡不着”是个较普遍的现象，不需要惊慌，更不要自我增加心理压力。

对胎宝宝有影响吗

只要孕妈妈晚上能入睡，白天可以补觉，基本上都不会对胎宝宝产生影响的，但是对孕妈妈自己的健康，会因为睡得少而有影响，所以孕晚期孕妈妈还是要想办法让自己入睡。

睡眠不好易焦虑

孕妈妈睡不好，对孕妈妈的情绪影响非常大，会令孕妈妈烦躁不安。孕妈妈担心对胎宝宝产生影响，以及睡眠不足带来的情绪变化，会令孕妈妈更加睡不好，形成恶性循环。所以当孕妈妈出现睡眠不良的状态时，要调整好情绪，尽量减少情绪对睡眠的再次影响。

孕晚期睡眠不好的原因

孕晚期睡眠情况变差是孕育过程的正常表现，由于此时胎宝宝比较大，以及孕妈妈身体开始分泌松弛素为分娩做准备，孕妈妈会感觉到耻骨痛、屁股痛，而且夜晚小便频繁也会影响睡眠，这些因孕育产生的影响睡眠的因素，只能克服，目前还没有好的解决办法。

辨别假性失眠

有些孕妈妈感觉自己睡不好，睡不着，但是面色很好，也不会特别困，这往往是假性失眠，一般发生在过度焦虑睡眠这件事的孕妈妈身上。

在孕妈妈为睡眠这件事困扰的时候，尤其是晚上自己疼到睡不着，却看到身边准爸爸睡得香甜，会特别生气，准爸爸要照顾到孕妈妈的心情，晚上警醒一些，感觉到孕妈妈睡不好，起来安抚下孕妈妈情绪。

让孕妈妈睡个好觉有妙招

孕妈妈孕晚期身体负荷变大，需要充足的精力，如果能每天睡个好觉，将会为将来的分娩打下良好基础。

改变睡前习惯

营造舒适安静的睡眠环境，卧室的窗帘遮光性要强，太明亮的光线影响睡眠；睡前尽可能开窗通风，让室内保持新鲜空气；孕妈妈也需要一张合适的大床，尽情舒展四肢，选具备一定硬度的加强型床垫。

晚餐不宜吃得过饱，晚上 8 点以后不要大吃大喝或进食不易消化的食物，也不要做容易引起兴奋的脑力劳动或观看容易引起兴奋的书籍和影视节目，可以放些舒缓的音乐；还要注意少喝水，以免晚上“起夜”太多，影响睡眠。

在床上不要做与睡眠无关的活动，如进食、看电视、思考复杂问题等。此外，也要注意从怀孕初期开始养成规律的作息习惯。

形抱枕或者将靠垫放在孕妈妈两腿之间的方式，来让孕妈妈更加舒服。

睡个午觉，养养神

一般成人睡眠时间为 8 小时左右，孕妈妈最好比普通人再多睡 1~2 个小时。孕晚期睡得不好，如果条件允许，可以每天中午睡个午觉，补充下睡眠，也消除一下疲惫。不过需要注意的是，午睡时间不宜太长，能睡着的话，以不超过 2 小时为宜，以免影响夜晚的睡眠；即使睡不着，也应该闭目养养神。

正确的睡姿

从孕中期开始，建议孕妈妈不要再仰卧睡眠，改成膝盖弯曲的侧卧位，这样宝宝的重量就不会压到负责将血液从腿和脚向心脏汇流的大静脉上，从而减少心脏负担；也可以左右侧交替侧卧，缓解背部压力。

还可以通过使用人

准爸爸日记

宝宝，今天早上，妈妈对爸爸发脾气了，因为昨天晚上妈妈又睡不着了，身体上的疼加上没有睡好，妈妈情绪不太高。不过，爸爸理解妈妈，妈妈现在真的很不舒服，以前喜欢仰卧睡，现在不得不侧卧，每天睡完都很累。宝宝，你以后长大了，要很爱很爱妈妈哟，因为妈妈真的很爱你，从你还没有出生的时候，就已经很爱了。

孕 8 月可能会出现的不适

到了孕晚期，随着胎宝宝的成长，孕妈妈的身体负荷越来越重，孕妈妈会感觉到一些不适。下面介绍大多数孕妈妈可能会遇到的不适，孕妈准爸可以了解一下，提前做好心理准备。

便秘：随着子宫对孕妈妈胃肠的挤压，孕妈妈孕晚期便秘情况会加重。孕妈妈可以试试每天早上空腹喝一杯温开水，加速胃肠蠕动；多吃蔬菜，补充膳食纤维；坚持散步，都可以缓解便秘。

腹痛：孕晚期，孕妈妈增大的子宫不断刺激肋骨下缘，可引起孕妈妈肋骨钝痛。一般来讲这属于生理性的，不需要特殊治疗，左侧卧位有利于疼痛缓解。

水肿：孕 28 周后，因为子宫压迫到孕妈妈静脉回流，导致孕妈妈出现下肢水肿现象。这是孕晚期的普遍现象，脚掌、脚踝、小腿是最常出现水肿的部位。孕妈妈要注意，少吃盐、糖，适当按摩足部、小腿，促进腿部水代谢。

静脉曲张：有 1/3 的孕妈妈在孕晚期会在腿部、颈部或会阴部出现或轻或重的静脉曲张情况。这是由于激素分泌、子宫压迫血管等因素造成的。管理孕期体重；避免久坐；每天进行 30 分钟以上散步活动；孕晚期左侧卧位等方法有助于预防及缓解孕期静脉曲张。

你得做点啥

孕晚期孕妈妈会有很多不适，孕妈妈太难受时，难免会抱怨或者发脾气，准爸爸要宽容对待孕妈妈的抱怨和牢骚，尽量转移孕妈妈的不安和焦虑。比如可以和孕妈妈讨论宝宝的名字，探讨未来宝宝的可爱模样等，调动孕妈妈的情绪。

尽量多了解一些孕期不适，和孕妈妈一起尽量预防不适出现；多咨询对于孕期常见不适的处理方法，帮助孕妈妈缓解症状。

警惕妊娠高血压疾病

妊娠高血压疾病是妊娠中晚期出现的一种特殊疾病。临床以血压升高为主要表现，伴有蛋白尿和水肿，多数发生在孕20周与产后2周。根据统计，约有5%的孕妈妈会在孕期出现妊娠高血压症状。

妊娠高血压疾病病情严重者会出现头痛、视力模糊、上腹痛等症状，还可能会导致危险的妊娠合并症——子痫前期。子痫前期对孕妈妈和胎宝宝来说是非常危险的，在确诊后需要尽快采取措施，而妊娠高血压疾病是导致孕妈妈子痫前期的重要原因，所以提醒孕妈妈一定要注意，按时产检。产检时若发现血压有增高的现象，遵从医嘱，及时采取措施。

妊娠高血压疾病高危因素

年轻初孕妇或高龄初产妇；家族中有高血压或肾炎、糖尿病病史者；多胎妊娠、羊水过多者；营养不良，重度贫血者。此外，在寒冷季节、气压升高时尤其要多注意血压状况。

产检发现血压有些高怎么办

1 如果只是发现血压有些高，但没有蛋白尿、水肿，则不必太担心，多注意休息，调整饮食，密切关注血压。

2 如果医学诊断是轻度的，通过非药物疗法，包括饮食调节、体位治疗等，能够将血压降下来。然而，如果经过非药物疗法不能使血压下降，那么就要给予适宜的降压药物治疗。

3 如果诊断为中度或者重度，则需要入院治疗，谨遵医嘱。

4 在饮食上进行调节，多吃些芹菜。芹菜有镇静降压、醒脑利尿、清热凉血的作用，孕妈妈常吃，可以缓解妊娠高血压疾病水肿症状。

5 补充蛋白质。由于孕妈妈处于特殊时期，无论是身体状态还是胎宝宝都需要丰富的蛋白质营养。

如果孕妈妈患了妊娠高血压疾病要听医嘱，如果情况严重，要住院治疗，以免发生危险。

孕8月生活细节注意事项

放缓生活节奏

孕晚期，孕妈妈身体负担增加，生活节奏宜放缓，工作量、活动量都应适当减少。

每天洗澡

孕妈妈要尽可能每天洗澡以保持皮肤清洁，预防皮肤、尿路感染，以免影响胎宝宝健康。淋浴或只擦擦身体也可以，特别要注意保持外阴部的清洁。头发也要整理好。洗澡时要注意水温的调节，水温以38~42℃为宜。

孕晚期孕妈妈的运动一定要缓慢，运动时间以在15分钟内为宜。

尽量不要仰卧

仰卧时，增大的子宫就会压迫脊柱前的腹主动脉，导致胎盘血液灌注减少，孕妈妈会感觉压迫感，胎宝宝也容易出现缺氧、缺血引起的各种问题。最好侧卧位。

运动宜缓

孕晚期孕妈妈运动应以动作幅度不大，速度稍慢的舒展运动为主，可选择舒展体操、孕期瑜伽等，以加强骨盆关节和腰部肌肉的柔软性，松弛骨盆和腰部关节，为以后分娩做好准备。另外，孕妈妈可在运动时缓慢吸气、呼气，锻炼肺活量，可缓解孕妈妈喘不过气的感觉，也有益于分娩时呼吸的调整。

多与人交流缓压

孕晚期孕妈妈心情烦躁，不妨找周围的孕妈妈或者妈妈们一起聊聊。了解孕妈妈都有过孕期焦虑情绪，而且几乎所有的焦虑最终都是“无效焦虑”，大多数胎宝宝都是平安、健康地来到这个世界的。

孕晚期严禁性生活

孕晚期孕妈妈的腹部隆起会特别明显，行动变得更加迟缓；而且这一时期还很可能会发生子宫收缩的症状，所以如果这时进行性生活，会增加胎膜早破、宫内感染的概率，因此，孕晚期最好不要进行性生活。

预防早产

早产指所有在孕37周之前的分娩，虽然此时胎宝宝已经很大，但身体机能还尚不能应付出生后的世界，孕妈准爸了解早产知识，尽量避免胎宝宝早产的可能性。

早产的医学定义

根据临床统计，早产发生的概率并不大。根据分娩时怀孕周数不同，可以将早产分为< 28周的极早期早产；发生于28~30周的早期早产；发生于31~33周的中期早产；以及发生于34~36周的晚期早产。这四类中，其中有1/3的早产是医源性早产，主要包括妊娠高血压疾病和胎儿生长受限；有2/3的早产属于自发性早产，包括分娩提早发动或胎膜早破。除此之外，还有因意外原因导致的早产。

其实，只要孕妈妈产检没有发现妊娠高血压疾病和胎儿生长受限情况，平时注意保护自己，不要受伤，基本上不会出现胎儿早产情况。

哪些孕妈妈容易发生早产

一般孕妈妈的基本情况不佳，如年龄小于18岁或者高于35岁；BMI<19.8；有吸烟、酗酒的习惯；有营养不良、贫血；不良孕产史；曾经有宫颈手术史，以及多胎妊娠，羊水过少或过多；有生殖道细菌、病毒感染或性传播疾病感染高危史；患有内外科疾病及产科并发症；以及孕期过度疲劳等情况的孕妈妈易发生早产。

怎么预防早产

按时产检，及时鉴别出早产的高风险人群，提请孕妈妈注意；孕晚期不要大力碰到腹部，而是要保护腹部；不要拿重东西或拿高处的东西；注意脚下，不要跌倒；及时预防妊娠高血压综合征，了解胎宝宝成长情况，并根据情况进行饮食调整。

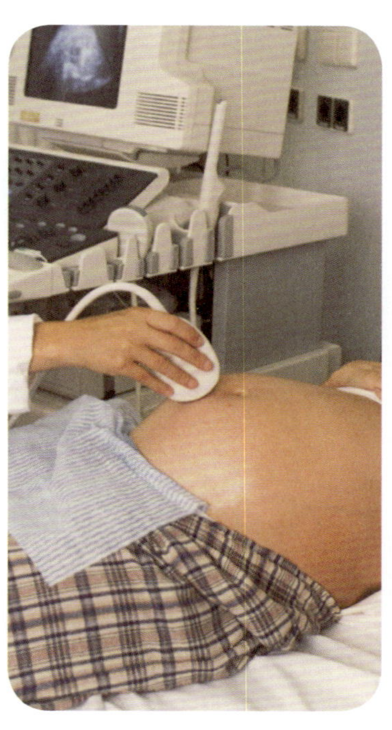

初次怀孕的孕妈妈的不安等紧张情绪均可引起早产，要注意保持精神上的愉快。孕晚期要注意保护自己，避免意外事故发生，而且还要劳逸结合，避免过度疲劳。

孕 8 月孕妈妈吃点啥

进入孕 8 月，胎宝宝体重增加开始加快，需要孕妈妈提供充足的营养，营养增加总量可比孕前增加 20%~40%，但要注意饮食的合理安排，不能营养过剩，以免孕妈妈体重增加过快，增加分娩困难。

要保证充足的热量供给，在孕 8 月胎宝宝开始在肝脏和皮下储存糖原和脂肪，需要大量的热量，孕妈妈需要适当提高碳水化合物、蛋白质和脂肪在饮食中的比例，每餐可适当多吃一口饭。中国营养学会发布的《中国孕晚期妇女平衡膳食宝塔》中的营养建议，与孕中期相比在谷薯类、蛋白质类方面的增加也说明了这点。

孕晚期妇女平衡膳食宝塔

层级		食物类别	补充量	备注
第 5 层		加碘食盐	< 6 克	——
		油	25~30 克	——
第 4 层		奶类	300~500 克	——
		大豆 / 坚果	20 克 /10 克	——
第 3 层	肉禽蛋鱼类（200~250 克）	瘦畜禽肉	75~100 克	每周 1~2 次动物血或肝脏
		鱼虾类	75~100 克	
		蛋类	50 克	
第 2 层		蔬菜类	300~500 克	每周 1 次海藻类蔬菜
		水果类	200~400 克	
第 1 层	谷薯类（300~350 克）	全谷物和杂豆	75~100 克	——
		薯类	75~100 克	
其他		水	1700~1900 毫升	——

孕晚期膳食指南关键推荐

1 保持食物多元化的基础上，适当增加谷薯类及肉禽蛋鱼类的摄入，谷薯类相比孕中期每天宜增加 25 克，相当于两大匙米饭的量。

2 在营养膳食指南中提到的重量都是食材的重量，并不是烹饪后重量，准爸爸在给孕妈妈提供餐点时应注意这点。

3 对于深海鱼类，每周吃一两次即可，不要多吃，如今海洋污染严重，深海鱼中汞含量增加，不利于孕妈妈健康。

孕妈妈的谷物摄入量要怎么加

中国营养学会建议孕妈妈孕晚期每天应在孕中期饮食基础上增加25克谷薯类食物。25克谷物，经过烹制后，相当于2大匙米饭的量，孕妈妈可以分三餐增加，也可以通过在加餐时多吃一块蒸制的红薯、紫薯、南瓜、玉米等来增加摄入。

在给孕妈妈准备餐点时，主食最好采用粗细搭配原则，最好不要采用纯大米、面条等为主食。精制米、面中，维生素、膳食纤维等营养素流失较多，可能会令孕妈妈的便秘等问题更加严重。

需要注意的是，孕妈妈孕晚期体重增加非常快，要注意谷物摄入量的控制，不要摄入过多，以免营养过剩。

奶类食品的摄入量

孕晚期要保证每天300~500克奶的摄入，这对不爱喝奶的孕妈妈来说有点难，可用酸奶以及孕妇奶粉等替换，分别在正餐或加餐时食用，或者用纯牛奶蒸馒头、花卷等方式，来增加奶的摄入量。孕期体重增长较快时，可选用低脂奶，以减少能量摄入。要注意区分乳饮料和乳类，多数乳饮料中含乳量并不高。

孕期如何增加蛋白质的摄入

1 孕晚期孕妈妈每天需要额外增加蛋白质30克、钙200毫克，这些额外增加的营养物质需要孕妈妈在饮食中摄入。

2 保证每天摄入的奶量。一般200克的奶，就可提供5~6克优质蛋白质、200毫克钙，所以保证每天的牛奶摄入是保证优质蛋白摄入的基础。

3 保证每天肉禽蛋的摄入。孕妈妈很适合吃鱼肉和禽肉，如鲤鱼、草鱼、鸡肉、鸭肉等，保证每天吃1个鸡蛋，基本上能满足一天所需蛋白质。

4 每周1~2次深海鱼类。深海鱼类中含有丰富鱼油，不宜多吃。

5 豆类是植物蛋白的主要来源，孕妈妈还需要保证每天摄入一定量的大豆及豆制品。

孕妈妈不必刻意要求自己每天必须吃这些量，可以根据个人喜好调整。

一周科学营养餐单

到了孕 32 周，孕妈妈在保证全面营养的饮食基础上，额外增加蛋白质和碳水化合物的摄入，增加热量摄入，以保证胎宝宝快速增长的需求。不过，孕妈妈也要注意控制过多热量摄入，以免引起营养过剩。

孕妈妈继续坚持全面而均衡的饮食结构，尽可能多地涉及食物种类，注意控制体重，可以根据体重增加情况调节饮食。

星期一

早餐

牛肉面
菠菜拌木耳
海米黄瓜
牛奶

午餐

燕麦小米饭
什锦烧豆腐
鲜虾菜心
萝卜丸子汤
猕猴桃

晚餐

疙瘩汤
凉拌金针菇
炒丝瓜

加餐

花生
酸奶
蓝莓

星期二

早餐

素包子
煎蛋
胡萝卜炝拌豆芽
海带豆腐汤

午餐

奶香花卷
清蒸鱼
凉拌芹菜
蔬菜菌菇汤
香梨

晚餐

二米粥
蒸红薯
蒿子秆炒肉丝
凉拌西蓝花

加餐

苹果
牛奶

星期三

早餐

松仁米饭
煎豆腐
凉拌西红柿
紫菜蛋花汤
李子

午餐

千层饼
清炒油菜
凉拌三丝
白萝卜老鸭汤

晚餐

荞麦凉面
彩椒炒猪肝
芹菜拌花生
鲫鱼豆腐汤

加餐

核桃仁
火龙果

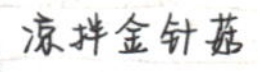
凉拌金针菇

彩椒炒猪肝

菠萝

预防营养过剩

如果体重增加过快，应及时调整饮食结构，接受专业的孕期营养指导。

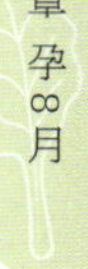

星期四

早餐

牛奶麦片
鸡蛋
蔬菜沙拉
苹果汁

午餐

米饭
香菇菜心
蒜薹炒鱼片
山药排骨汤

晚餐

茄子饭
炝炒圆白菜
干煸花菜
豆腐汤

加餐

草莓
蒸紫薯
酸奶

星期五

早餐

蔬菜米线
麻酱豇豆
青笋拌豆芽
橙子

午餐

杂粮饭团
炒四季豆
青柠煎鱼
木耳肉丝汤

晚餐

紫苋菜粥
冬瓜虾球
菜心炒牛肉
炝炒白菜

加餐

樱桃
煮玉米
火龙果酸奶饮

星期六

早餐

菜包
鲜奶炖蛋
盐水煮芦笋
桃

午餐

肉酱拌面
荷兰豆炒肉
青菜蘑菇汤
橘子

晚餐

杂粮饭
青椒肉片
上汤娃娃菜
鸭血豆腐汤

加餐

菠萝
杏仁
牛奶

星期日

早餐

米糕
鸡蛋
凉拌木耳藕片
苹果

午餐

绿豆二米饭
红烧排骨
蒜蓉油麦菜
白菜粉丝汤

晚餐

馄饨
蒸南瓜
杏鲍菇炒四季豆

加餐

葡萄
核桃仁
牛奶

营养素补起来

孕8月，胎宝宝增长迅速，孕妈妈的新陈代谢率也达到了孕期高峰，需要充足的钙、铁、锌等矿物质元素供应。

第29周

多吃富含铁和钙的食物。每天应保证摄入钙量1500毫克，铁28毫克，牛奶中的钙质非常容易被人体吸收。

第31周

多吃新鲜蔬菜水果，每天至少吃一半以上的深色蔬菜，以补充膳食纤维，改善胃肠蠕动过慢情况。

第九章 孕9月

孕9月来了，离分娩的日子越来越近了，孕妈妈也越来越辛苦了，但是因为有甜蜜的期待与希望，这一切都会挺过去的。本月胎宝宝成长迅速，越来越有活力。

胎宝宝的样子

胎宝宝的样子已经和出生时很接近了，不过他们还在继续成长，积累更多的脂肪，呼吸系统发育更加完善，为出生做好充足的准备。

孕 33 周：圆润的胎宝宝，皮肤更加饱满，皱纹减少；呼吸系统和消化系统发育接近成熟；头骨没有闭合，还非常软，身体非常圆润。

孕 34 周：体重可达 2.3 千克；胎宝宝现在正在为分娩做准备，有的胎宝宝已经转成头向下的姿势，开始准备胎头入骨盆。

孕 35 周：完成了大部分身体发育，现在的胎宝宝从头发到脚趾甲的发育基本完成，肾脏、肝脏已经工作了一段时间，但神经系统和免疫系统仍在持续发育；此时胎头入盆的胎宝宝由于血液流入大脑，神经系统正在“飞快”发育。

孕 36 周：体重可达到 2.8 千克左右，看起来很丰满了，身体发育基本上也接近足月，但他的体重依然以每天增加 28 克左右的速度增加；覆盖着全身的绒毛和胎脂开始脱落，皮肤更加柔软细腻；肝脏也已能够处理一些代谢废物；胎头入盆的胎宝宝，此时胎动会变少。

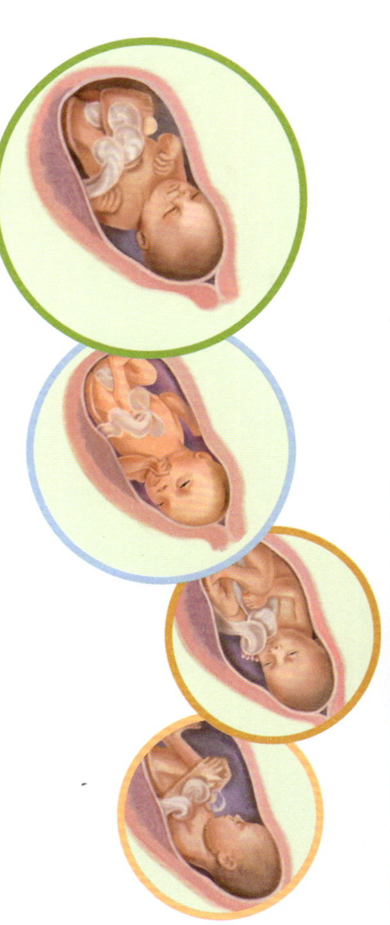

你得做点啥

和孕妈妈一起了解分娩、育儿的知识，并做好准备，此时孕妈妈可能会因为临近分娩而产生害怕、担心等情绪，准爸爸要多关心孕妈妈，安抚孕妈妈情绪。

要准备好待产包，并时刻观察孕妈妈的身体状况，准备随时进入分娩进程。

准备好宝宝出生后的用品，做好迎接宝宝的准备。

给准爸爸讲科普：胎宝宝入盆

孕36周，大多数胎宝宝以头朝下、臀朝上、全身蜷缩的方式，下降到孕妈妈的骨盆腔，称之为入盆。胎宝宝入盆后，就意味着胎位较为固定了。

大多数胎宝宝胎头都是在孕36周后入盆的，初产妇在孕37~38周，胎头进入骨盆腔，称之为入盆或衔接，也有部分胎宝宝是在临产后胎头才进入骨盆的。胎宝宝入盆后，一般初产妇在2~3周后就可能会分娩，而经产妇则往往是胎宝宝入盆后随即开始分娩。

遇到迟迟不入盆的胎宝宝，孕妈准爸都别急，在临床上，孕38周未入盆者，其中大部分还是能顺利入盆顺产的。

胎宝宝入盆是什么感觉

一般胎宝宝胎头入盆时是非常快的，通常半分钟之内就能完成，大多数孕妈妈都感觉不到胎宝宝入盆。但是随着胎宝宝入盆，孕妈妈身体开始为分娩做准备时，会带来一系列的感觉和变化。当孕妈妈有耻骨痛、阴部胀痛、小腹下坠感、胸口舒适、胃口变好的现象时，表明胎宝宝已经入盆，为即将到来的分娩做好了准备。

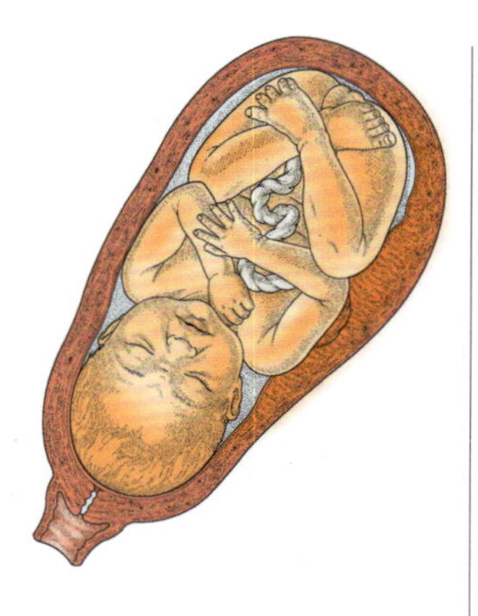

这样做帮助胎宝宝入盆

1 进入孕8月末，工作的孕妈妈坐在椅子上时尽量少向后仰着坐，注意向前倾斜着就座，并让膝盖低于臀部，这会有助于胎宝宝的背部转向孕妈妈的前面并向下移动。

2 坚持散步。散步有助于松弛骨盆韧带，帮助胎宝宝下降入盆。孕妈妈散步时，可边走边轻轻抚摸腹部。散步可分早晚2次安排，每次30分钟左右，也可早中晚3次，每次20分钟。

3 爬楼梯。爬楼梯可以锻炼孕妈妈大腿和臀部的肌肉群，并帮助胎宝宝入盆。平时孕妈妈可在住处爬爬楼梯，午后可找个小山坡走走，但要注意不要让自己太累，如果觉得累要及时休息；下楼梯时要留心脚下，注意安全。

胎宝宝是否顺利入盆受到很多因素影响，孕妈妈在通过调整姿势、运动等方式来帮助胎宝宝入盆时要因人而异，而且一定要注意安全，不要过急。

孕妈妈的身体变化

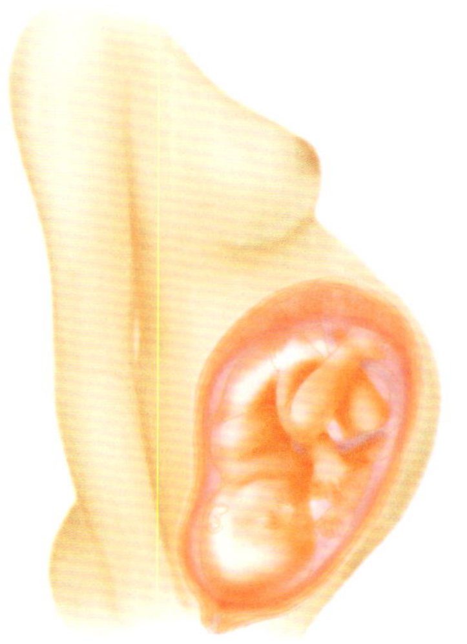

体重

孕妈妈的体重还将持续增长，依然以本月增长不超过 2 千克为宜，合理控制饮食、运动，让增长的体重都长在胎宝宝身上。

本月孕妈妈的水肿情况可能加重，可每天适当抬高双腿 10 分钟，缓解下肢水肿。

子宫

子宫占有孕妈妈大部分的腹腔空间，由于子宫的持续增大，子宫底的高度为 30~32 厘米，胃痛、消化不良、呼吸困难等症状可能会加剧，还会出现心慌、气喘的现象。在孕 36 周后，随着胎宝宝入盆，压迫胃、肺部的情况得到缓解，孕妈妈胃灼热的情况消失，胸闷、气喘的状况也得到了缓解；宫高也会下降。

乳房

孕妈妈的乳晕变大，乳晕上出现了一些小凸起，这些凸起部位会分泌一些润滑和保护乳头的物质保护孕妈妈的乳头；有的孕妈妈乳房上会出现蓝色的血管，不要担心，分娩后这些蓝色血管会消失。

腹部形状改变

胎宝宝入盆后，孕妈妈的肚子形状就会发生改变，看起来往下坠了一些，模样也由“西瓜”变成了“柚子”。

不规律宫缩频繁

经常能感觉到假性宫缩，肚皮一阵阵发紧，遇到这种情况，孕妈妈一定不要着急，可以调整呼吸，抚摸腹部，改变长久不变的姿势等。

会阴部疼

胎宝宝位置向下移动后，会压迫女性的阴部和骶骨，孕妈妈会感受到一股下坠的力量和阴部轻微的压痛了。所以在胎宝宝入盆后，孕妈妈应该要注意休息，避免提重物。

虽然本月孕妈妈身体的不适较之前有所加重，但在整个孕期最后的“冲刺”阶段，一定要继续放松心情，坚持到底才是胜利。

孕晚期正常而又尴尬的“漏尿”

在孕晚期，有的孕妈妈甚至是在孕 7 月下旬就开始出现漏尿情况，往往发生在孕妈妈咳嗽、打喷嚏、大笑、快步走时。

为什么会出现这种情况

孕妈妈发生漏尿情况是非常正常的，大部分孕妈妈都会经历。导致这种情况有两种原因，一方面是子宫持续变大，当孕妈妈咳嗽、打喷嚏、大笑或者腹部收紧时，膈会收缩，进而挤到腹腔，腹腔中的子宫就会压迫膀胱，出现漏尿现象，医学上称之为压力性尿失禁。另一方面是孕妈妈盆底肌承托力降低引起的。盆底肌就像是一张网，兜着尿道、膀胱、阴道、直肠、子宫等，当盆底肌的承托力下降时，这些器官的功能就会随之减弱，从而引发尿失禁的情况。

其实，漏尿现象在孕晚期非常普遍，在分娩之后消失，孕妈妈不用过于担心。

加强盆底肌肉锻炼

孕晚期漏尿一部分原因是盆底肌承托力下降，孕妈妈进行盆底肌锻炼，有助于预防漏尿发生。孕妈妈可以尝试在排尿时随意停止四五次，这样能锻炼骨盆底部的肌肉，同时还能锻炼会阴。或者站在一扇打开的双开门门前，双手分别放在两侧门把手上，双脚呈外八字形站立。然后直立下蹲，用大腿、臀部和手臂的力量做蹲起的动作，也能锻炼到盆底肌肉。

备好护垫，解决漏尿尴尬

在意想不到的时刻出现漏尿现象确实会令人尴尬，孕妈妈可以通过提前备好护垫，解决漏尿尴尬，但护垫一两个小时要更换一次。此外，咳嗽或打喷嚏时，张开嘴巴，可减轻对膈的压迫，也能减少漏尿的发生。

准爸爸日记

宝宝啊，我们很快就会见面了，爸爸有点激动……这个月你很努力地长大，顺顺利利的入盆了，活动得没有以前多了，但是爸爸感觉到你比以前更有力了。昨天晚上爸爸妈妈数胎动的时候，爸爸居然看见了你踢在妈妈肚皮上的一只脚，那么小，却那么清晰，小小的脚太可爱了。宝宝，你来了，真好。

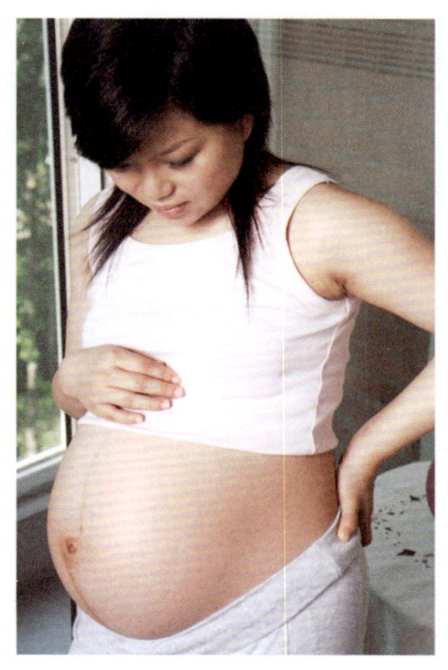

孕晚期疼痛难熬？这样缓解

进入孕晚期，孕妈妈身上的疼痛出现得更为广泛、频繁。其实很多孕期疼痛是生理性的，孕期过后将会自行消除。

耻骨痛

孕晚期胎宝宝日益长大，孕妈妈耻骨联合间隙会增宽，伴随着耻骨、子宫附近肌肉被拉伸，导致疼痛。一般来说，这种疼痛是可以忍受的，但有的孕妈妈对疼痛比较敏感，会感到非常疼痛。定期产检、了解耻骨分离情况、加强体育锻炼，增强肌肉与韧带张力和耐受力是有效的预防办法。

坐骨神经痛

孕晚期胎宝宝增大导致孕妈妈背部压力过大，挤压坐骨神经，从而在腰部以下到腿的位置产生强烈的刺痛感；子宫压迫下腔静脉后，静脉回流不畅，水分潴留在下肢，引起下肢凹陷性的水肿，进而压迫坐骨神经，也会导致坐骨神经痛。睡眠时左侧卧位，做瑜伽等，可以缓解坐骨神经痛。

外阴痛

一般孕晚期的孕妈妈会出现，表现为外阴部肿胀，同时局部皮肤发红，在走动时，外阴有充血一样的疼痛感。孕妈妈一定要避免长时间站立，避免穿过紧的裤子和鞋袜；不要接近热源或用过热的水洗澡，或者用局部冷敷方法可减轻疼痛。

腰痛

这是由于孕妈妈腹部隆起，孕妈妈保持身体重心使得腰背部肌肉紧张引起的，一般越到孕晚期，酸痛感越明显。如果孕妈妈要缓解腰疼的不适感，在坐着的时候，要保证腰背挺直，也可以在沙发或椅子的后面垫一个柔软的靠垫，使腰部达到最舒服的程度。此外，孕妈妈平时也尽量不要做有弯腰或是抻拉腰部的家务活，不要提重物。

脊柱痛

随着子宫日渐增大，孕妈妈身体重心渐渐前移，站立和行走时，为保持重心平衡，孕妈妈必须将肩部及头部后仰，形成孕妈妈特有的挺腹姿势，这种姿势易造成腰部脊柱过度前凸，引起脊柱痛。注意休息，避免长时间站立或步行可改善此疼痛。

孕妈妈不要久坐，也不要坐太软的沙发。

腹痛

在孕晚期，随着子宫在慢慢增大，从而刺激到周围的肌肉，产生腹部痉挛。当发生腹部痉挛时，孕妈妈会感到腹部被拉得紧绷绷的，特别难受。此时孕妈妈不妨跪在床上，向前俯身，双手支撑住身体，腰部保持挺直。通过这种姿势，可以让腹部暂时悬空，从而使收缩的肌肉得到放松而达到缓解疼痛的功效。

此外，随着孕晚期子宫迅速增大，有的孕妈妈会感觉到腹部胀痛，担心是胎宝宝出现异常，其实这是子宫四周的韧带由原来的松弛状态变为紧张状态引发的牵引胀痛，一般通过坐下休息可得到缓解。

但如果出现腹部剧痛，并伴有出血、抽痛等征兆时，应迅速就医，进行诊断。

胸痛、肩膀痛

胸痛常常发生于孕晚期，疼痛部位在肋骨之间，犹如神经痛，但无确定部位，这往往与孕妈妈缺钙、膈肌抬高、胸廓膨胀有关。孕妈妈适当补充钙剂可以缓解。

由于孕妈妈肚子越来越大，颈椎和肩胛骨承受的压力也越来越大，所以孕妈妈经常会感到脖子发紧和肩胛骨处疼痛，如果孕妈妈缓解肩膀疼痛，孕妈妈可以在坐着的时候，双手自然放在腿上，腰背部挺直，呼气，努力向上拉伸颈部，好像脖子长长一样坚持几秒钟后放松。

手痛

孕妈妈可能会感到单侧或双侧手部阵发性疼痛、麻木，有针刺感，即所谓腕管综合征。这是由于怀孕期间分泌的激素，尤其是松弛素引起筋膜、肌腱、韧带及结缔组织变软变松弛累及神经所致，多在夜间发生。睡觉时把双肩垫高，在手和手腕下垫一个枕头，避免牵拉肩膀的动作，可改善此种疼痛。

牙疼

由于孕期激素的分泌，以及进食食物留下的残渣，使得孕妈妈容易引发牙龈炎、牙周炎等牙齿疾病，进而导致牙齿疼痛。孕期牙齿疾病无法用药治疗，所以最好提前预防。孕妈妈备孕前应看一次牙医，治疗已出现的牙病；在孕期中要注意口腔卫生，坚持刷牙，还可以试着用手指蘸着盐做牙部按摩，这样的方式可以有效为牙齿杀菌并保持清洁，保证牙齿的健康。

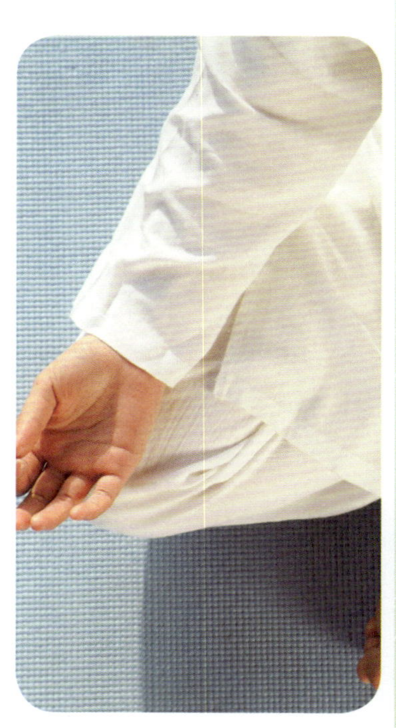

给准爸爸提个醒：关注孕妈妈的情绪

根据一项对 7700 多位孕产妇进行的心理检查发现，18% 左右的孕产妇有轻度抑郁倾向，表明孕期抑郁正在变得普遍。

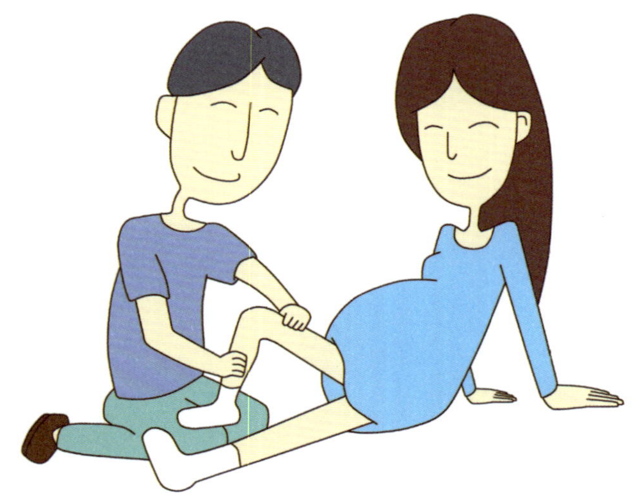

孕期抑郁表现：睡眠困难、容易担心、情绪低落、哭泣、悲观、容易发脾气、情绪不稳定，产生消极的情绪，且持续时间长，有的孕妈妈甚至会产生厌世的想法。

情感脆弱：孕妈妈的感情会变得脆弱，有非常严重的依赖性，想要得到丈夫的关心，如果得不到或者觉得不够关心会不断争吵，这是一种极度缺乏安全感的表现，也是产前抑郁最典型的症状表现之一。

孕期抑郁原因：孕期由于孕激素的分泌，女性的情绪变化大，对待生活中的事情也会比较敏感，有时准爸爸没有照顾到孕妈妈，就会在孕妈妈心里产生较大的波澜，如果孕妈妈没有找到发泄渠道，日积月累会给心理、情绪造成改变。很多时候，家人都会简单地把孕妈妈的沮丧、持续的情绪低落归结为一时的情绪失调，若忽略，可能会给孕妈妈、宝宝，以及家庭带来更大的影响。

你得做点啥

多关心孕妈妈，不仅在饮食、生活上照顾孕妈妈，适当的亲密接触也会令孕妈妈感受到准爸爸的关心，缓解孕妈妈孕期情绪波动。

每天空出一两个小时时间，完全陪伴孕妈妈，和孕妈妈聊聊生活，一起数胎动，做胎教，让孕妈妈感觉到你是和她在一起迎接宝宝的到来。

找到孕妈妈抑郁的原因和根源，采取相应的办法，才能使孕妈妈和胎宝宝快乐度过这段美好时光。

做好迎接宝宝的准备

很多孕妈妈最早的焦虑来源于宝宝来了之后生活的改变，以及自己是否有能力应付这种改变。

物质上的准备除了在怀孕过程中所需要的，以及宝宝出生后所需的物质外，准爸爸最好制定宝宝出生的财务规划、成长规划等，有助于增加孕妈妈的信心。

了解分娩、育儿的知识，以及孕期女性情绪变化方面知识，及时发现孕妈妈的情绪波动，给孕妈妈关爱、宽容。如果孕妈妈了解到家人为自己做了大量的工作，她会减轻对分娩的恐惧。

孕晚期以后，特别是临近预产期时，准爸爸应留在家中，使孕妈妈心中有所依托。

多与孕妈妈沟通

当准爸爸发现孕妈妈心情不佳时，可以先通过沟通的方式，了解孕妈妈心情不好的原因，试着解决问题。如果孕妈妈焦虑的是胎宝宝健康等问题，可以尝试转移孕妈妈的注意力。比如提议和孕妈妈一起为宝宝准备出生后要用的衣帽鞋袜，带着孕妈妈一起出去走一走等，可以缓解孕妈妈的焦虑。

孕期抑郁该怎么办

1 认清问题，承认目前的情绪状态。如果明显感觉到情绪不稳，有持续低落、暴躁、总是想哭等情绪特征，可以找心理医生咨询。不要认为只有生病了才会看医生，情绪不佳也可以到医院的心理科咨询。

2 孕妈妈要尽力进行自我调节，要向丈夫、家人或朋友倾诉。

3 看孕产书籍，了解孕产过程中身体、情绪会发生的变化，做到心中有数，也会减轻孕期的焦虑。

4 走出去，与其他孕妈妈或生过孩子的妈妈多交流，让心静静地沉静下来，平缓不安、焦躁的情绪。

5 孕妈妈遇到不尽人意的事也不要自怨自艾、怨天尤人，以开朗明快的心情面对问题，对家人要心存宽容和谅解，不是原则的事情就可以大事化小、小事化了，协调好家庭关系，好心情源于好的家庭氛围。

做好待产准备

心理准备

了解分娩的过程，可以与家人、朋友或者周围的妈妈朋友们聊一聊，分娩可能会遇到的事，也可以通过向医生咨询来战胜害怕和恐惧的情绪。其实，分娩时正常的生理过程，只要与医院、助产人员密切配合，就会顺利。

职场孕妈妈需要提前安排好工作，给自己和同事一个过渡的时间。

做好检查

孕晚期的产检已经变成了每周1次，医生会检查胎宝宝是否入盆、胎位或者进行内检等，来判断孕妈妈的分娩方式，孕妈妈听医嘱即可。

确定好分娩的医院

大多数孕妈妈都会选择产检医院，做好路线、交通工具的准备和规划，做到有备无患、心中有数，万一出现紧急情况，即可按原先准备的方案执行。

做好个人卫生准备

孕妈妈在预产前几天要勤换内裤，每天用清水洗外阴部、大腿内侧和下腹部。临产前再清洗一次，尽量保持外阴部位清洁。

物质准备

到了孕9月，孕妈准爸要做好产前物质准备，将孕妈妈和宝宝所需的衣物及日常用品准备好，归在一处，叠放在显眼的地方，以免临时匆忙慌乱。

提前讨论好谁来照顾月子

是请家人照顾、保姆、月嫂，还是去月子中心来度过分娩后的42天，孕妈准爸最好提前商量好，并做好准备，请家人照顾需要提前和家人沟通，请保姆、月嫂或者是去月子中心，也应提前了解情况，做好准备。

对于分娩所需的各项准备，孕妈准爸也不要过于担心，可以从孕晚期开始准备，即使没有准备齐全也不要慌张，可以先把最着急用的准备好，其他的可以在遇到时再解决也可以。

准备好待产包

将分娩所需的所有证件及物件，合理地装入待产包中，会让孕妈准爸在面对分娩征兆时更从容。

待产包什么时候准备

怀孕六七个月的时候准备待产包是最合适的，不仅时间充裕，而且胎宝宝情况稳定，孕妈妈有较好的体力和精力挑选母婴用品。

准爸爸要将孕妈妈和宝宝的用品按照衣服、洗漱、餐具、证件等分别放置在不同的袋子里，然后再全部放入一个大包，使用时就不需要大范围翻找了。一旦孕妈妈有临产征兆，拎包就走。

多确认几次待产包

在准备好待产包后，在临产前可以多确认几次，一来保证衣物、物品、证件没有遗漏，二来临产时许多事情都要准爸爸做，为避免到时手忙脚乱，提前熟悉好各种物品所在的位置，能更从容地应对临产的局面。

待产包里都有啥

分娩所需的证件和材料、新妈妈用品、宝宝用品是待产包的主要内容。

可以将分娩所需要的户口本、准生证、身份证、社保卡、孕妈妈的产检单等证件和材料提前装入方便小包中，放在待产包一侧，方便拿取。

妈妈用品则分为洗漱用品、衣物以及哺乳所需的用品三类。其中最为重要的是多准备几条干净毛巾，可准备3~5条，分别用于擦脸、擦身体、擦私处以及擦乳房。衣物最好准备大号棉内裤3条、哺乳胸罩2件、防溢乳垫、便于哺乳的前扣式睡衣、束腹带、产妇垫巾、特殊或加长加大卫生巾、面巾纸等。此外还需要准备运动饮料、巧克力等，方便产妇待产和分娩过程中食用。还要准备吸奶器、妊娠油等方便新妈妈哺乳的用品。

宝宝用品则带好喂养用品、婴儿用品和衣物就好。提前准备好奶瓶、奶嘴、奶瓶刷、配方奶等，以防母乳不足；用品可根据情况准备，纸尿裤、隔尿垫、婴儿专用棉签等，最好给宝宝准备好几套衣物，以及抱被。

孕 9 月孕妈妈吃点啥

本月胎宝宝继续长大，脂肪快速增加，需要充足的能量供给。所以孕妈妈还应持续保持均衡而全面的膳食营养，并注意补充以下几种营养素。

宜继续补充蛋白质：胎宝宝处于生长发育最旺盛的时期，需要的蛋白质相对较多。如果长期缺乏蛋白质，胎宝宝就会生长发育迟缓，出生体重过轻，甚至影响智力发育。继续保证每天适量的肉、蛋、奶及坚果的摄入。

继续补锌：孕妈妈缺锌容易导致难产，补锌的最佳途径是食补。要注意调整膳食结构、不偏食。适当地多吃富含锌的食物，如牡蛎、鱼、瘦肉、蛋类、奶类、花生、芝麻、大豆、核桃等。海产品、动物内脏都是人体摄取锌的可靠来源。

维生素 B_1：维生素的补充仍不容怠慢，水溶性维生素中，维生素 B_1 尤为重要。本月如果维生素 B_1 补充不足，易引起呕吐、倦怠、体乏，还可能影响分娩时子宫收缩，使产程延长，分娩困难。粗粮中含有丰富的维生素 B_1，孕妈妈宜保证每天薯类、豆、杂粮的摄入。

补铁：孕 9 月，必须补充足够的铁。胎宝宝的肝脏以每天 5 毫克的速度储存铁，直到存储量达到 240 毫克。此时铁摄入不足，宝宝出生后易患缺铁性贫血。瘦肉、蛋、动物内脏中含有丰富的铁。

你得做点啥

为孕妈妈准备点健康小零食，如剥好的坚果仁、布丁以及洗好的水果等。

每天陪孕妈妈散步、爬楼梯，为分娩做准备。

做好宝宝出生后的准备，比如联系好月嫂，检查婴儿用品是否采购齐全等。

会喝水的孕妈妈更健康

水是生命之源，科学而健康的补水能有效改善代谢，使孕妈妈保持良好的身体状态。中国营养学会建议孕妈妈每天摄入水1.7~1.9升，其中通过汤、蔬果等饮食可摄入0.8升，其余的1升左右的水量，需要孕妈妈通过饮水获得。

从孕中期开始，孕妈妈开始出现水肿现象，这一方面是由于体重增加，下肢承受的压力变大；也是由于静脉回流变慢，影响了水代谢导致的。所以孕妈妈从孕7月开始，要学会科学喝水。可以用矿泉水来衡量自己常用杯子的容量，比如一杯矿泉水是550毫升，可以倒几杯，以此将每天饮水量控制在1升左右。

不宜大量饮水

整个孕期饮水都要适量。到了孕晚期，孕妈妈会特别口渴，这是很正常的孕晚期现象，要适度饮水，以口不渴为宜，不能大量地喝水，否则会影响进食，增加肾脏的负担，还会对即将分娩的宝宝不利。

科学喝水的方法

1 每天早上空腹一杯温水，能够使水快速进入肠胃被吸收，有助于开胃，同时对缓解孕妈妈的便秘也有一定的好处。

2 在两餐之间，小口喝水，不要等到渴了再喝。口渴表明身体已经处于缺水状态，此时大口喝水，水更容易被排出，身体各细胞来不及吸收。

3 最好的水是白开水。水经过烧沸后，能有效杀灭水中的微生物，更干净，而无论是纯净水、矿泉水，还是饮水机中的水，都会因为容器打开后放置一段时间滋生微生物，在卫生方面容易存在隐患。

4 可以通过多喝汤的方式补水。汤中含有的盐等物质能令水更容易被结肠吸收，从而缓解孕妈妈便秘。

孕妈妈要注意少喝含糖饮料，含糖饮料摄入过多，不仅会令孕妈妈体重增加过快，还会对宝宝将来的体重产生影响。

一周科学营养餐单

为了储备分娩时消耗的能量，孕妈妈应保持营养全面的饮食习惯，七大营养素一个都不能少，还应像孕8月一样，继续补充蛋白质、碳水化合物、脂肪等能提供热量的食物。

在这个月里，由于胎宝宝的生长发育已经基本成熟，如果孕妈妈还在服用钙剂和鱼肝油的话，应该停止服用，以免加重代谢负担。

星期一

早餐

紫菜虾仁馄饨
鸡蛋
核桃仁蔬菜沙拉
苹果

午餐

燕麦小米饭
芹菜炒牛肉
白灼时蔬
花生猪蹄汤

晚餐

奶香玉米饼
上汤娃娃菜
荷兰豆炒藕片
西红柿豆腐汤

加餐

蓝莓
酸奶
核桃仁

星期二

早餐

牛奶馒头
煎蛋
凉拌空心菜
山药排骨汤

午餐

八宝饭
鱼香猪肝
凉拌油麦菜
西柚

晚餐

胡萝卜小米粥
蒸红薯
腰果菠菜
炒木耳菜

加餐

菠萝
牛奶
榛子

星期三

早餐

五仁大米粥
黄瓜炒肉片
菠菜蛋花汤

午餐

糯米香菇饭
干烧黄花鱼
醋熘白菜
荠菜魔芋汤

晚餐

西葫芦饼
豆腐烧油菜心
蒜香黄豆芽
丝瓜肉丝汤

加餐

苹果
腰果
酸奶

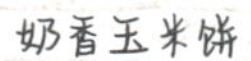

奶香玉米饼

干烧黄花鱼

白灼秋葵

控制体重重点

在摄入全面而营养的膳食基础上，应该限制脂肪和碳水化合物等热量的摄入，以免胎儿过大，影响顺利分娩。

星期四

早餐
芹菜包
豌豆苗拌银耳
生菜干贝汤
冬枣

午餐
杂粮饭
咖喱蔬菜鱼丸煲
芸豆烧荸荠
冬瓜肉片汤

晚餐
海带排骨面
凉拌莴笋
清炒青菜
桃

加餐
花生
橙子
牛奶

星期五

早餐
紫米饭
煎豆腐
鸡蛋
凉拌素什锦

午餐
肉丁面
蒜蓉生菜
菌菇汤
橙子

晚餐
二米饭
鲜蘑炒豌豆
西葫芦炒鸡蛋
豆芽肉丝汤

加餐
葡萄
煮毛豆
牛奶

星期六

早餐
煎饺
鸡蛋
大丰收
开心果

午餐
麻酱花卷
香菇炒菜花
荠菜黄瓜豆腐卷
白菜粉丝汤

晚餐
莴笋猪肉粥
白灼秋葵
清炒油菜
鲫鱼汤

加餐
梨
牛奶

星期日

早餐
鸡丝面
煎蛋
海米青菜
松仁拌海带

午餐
鳗鱼青菜饭团
素炒木耳青菜
奶酪烤鸡翅
紫菜汤

晚餐
大麦饭
清炒白菜
胡萝卜炒肉丝
丝瓜丸子汤

加餐
酸奶
杏仁

营养素补起来

维生素与免疫功能息息相关。尤其是要注重维生素 C、叶酸、维生素 E、维生素 B_{12} 等的摄入。

第 34 周

维生素 C 多存在于新鲜的蔬菜、水果中，孕妈妈可以适当多吃西红柿、黄瓜、圆白菜、橘子、橙子等。

第 36 周

维生素 B_{12} 存在于肉类、深海鱼类、贝壳类食物中，适当食用这些食物来补充维生素 B_{12}。

第十章 孕10月

终于到了“卸货”的时刻，看着粉嫩的宝宝，新手爸妈心中有说不出的甜蜜，经过10个月的辛苦和十几个小时的分娩，孕妈准爸终于进入了新的人生历程——当爸爸妈妈啦！

胎宝宝的样子

大部分的胎宝宝会在孕 39 周左右出生，他们是完全的“小人儿”模样，皮肤饱满而粉红，大部分的时间都是睡着的。当然，在他们出生之前，还是在继续长大。

孕 37 周：胎宝宝体重已达 3 千克左右；多数胎宝宝已经入盆，胎位基本上固定了；肺和其他呼吸器官都已经发育成熟，胎宝宝还在练习呼吸，神经系统在持续发育。

孕 38 周：胎宝宝已经完全发育好了，四肢更加有力；头发长长了；身上覆盖的纤细的绒毛和滑腻的胎质逐渐脱落；胎宝宝继续练习吞咽能力；肠道里有一种黑色的物质，会在第一次排便时排出。

孕 39 周：胎宝宝身上的大部分胎毛逐渐褪去，只有两肩及上下肢部位，仍覆盖着少量胎毛；皮肤表面的大部分胎脂已经褪去，可能只在皮肤褶皱处存有少量胎脂；还在继续储存脂肪，以便出生后用以调节体温。

孕 40 周：胎宝宝已经具备了很多种的反射能力，可以完全适应子宫外的生活了。当胎盘从子宫脱离，宝宝呼吸到第一口空气，脐带也要功成身退了。呼吸开始使血液向肺里运转。大多数宝宝会在这周和妈妈见面了。

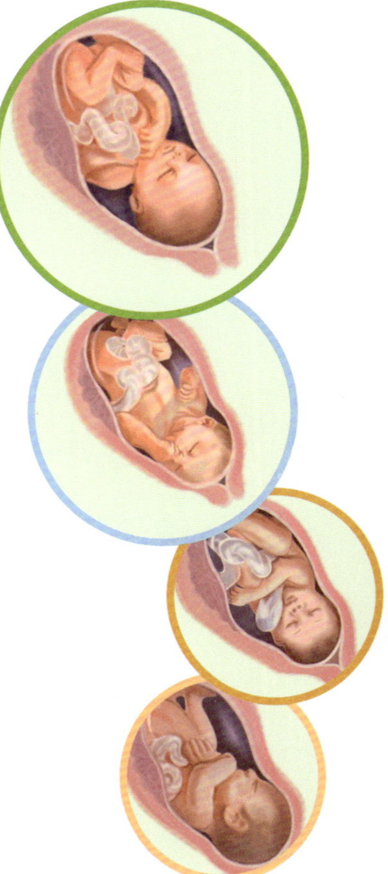

你得做点啥

随时和孕妈妈保持联系，确保在孕妈妈需要的时候第一时间来到孕妈妈身边。

学习分娩知识，在孕妈妈害怕、担心的时候，安抚孕妈妈的情绪。学习产后护理母婴的方法，为产后好好照顾新妈妈、小宝宝打好基础。

在妻子分娩后，首次见到妻子时问候并且赞美她。

给准爸爸讲科普：胎盘成熟度和羊水

胎盘是胎宝宝与母体之间物质交换的重要器官，它的成熟度是判断预产期的重要根据。

孕妈妈在第1次产检的超声波检查单上，都会有一个“胎盘成熟度”的指标，即观察胎盘的成熟程度。

胎盘成熟度分为4个等级，分别是0级、1级、2级、3级，或者写0级、Ⅰ级、Ⅱ级、Ⅲ级。0级表示胎盘未成熟，Ⅰ级表示胎盘基本成熟，Ⅱ级表示胎盘已经基本成熟，Ⅲ级表示胎盘已经成熟。在Ⅰ级和Ⅱ级表明胎盘的功能相当完善，Ⅲ级意味着胎盘已经成熟，其功能正在减弱。

胎盘成熟度Ⅲ级就要生了吗

正常情况下，在孕12~28周，胎盘成熟度为0级；孕30~32周的胎盘为Ⅰ级；孕36周以后胎盘是Ⅱ级，而Ⅲ级胎盘通常出现在孕38周以后。

不过，在孕晚期孕妈妈产检显示胎盘Ⅲ级也不要慌，只要此时羊水是正常的，胎心监护、脐血流等项目都正常，分娩则可以再等等。

羊水过多或者过少该怎么办

羊水是胚胎早期羊膜腔内的液体，在妊娠期具有保护胎儿、保护母体的作用。在整个孕期，羊水量是变化的，在孕7周左右，羊水量大约是10立方厘米，孕30周大约在700~800立方厘米，孕足月时，羊水量在800~1200立方厘米。

产检时医生会监测羊水量，主要通过超声波来测量羊水量的多少，用羊水指数，即AFI来表示，当AFI值介于8~24厘米属于正常。

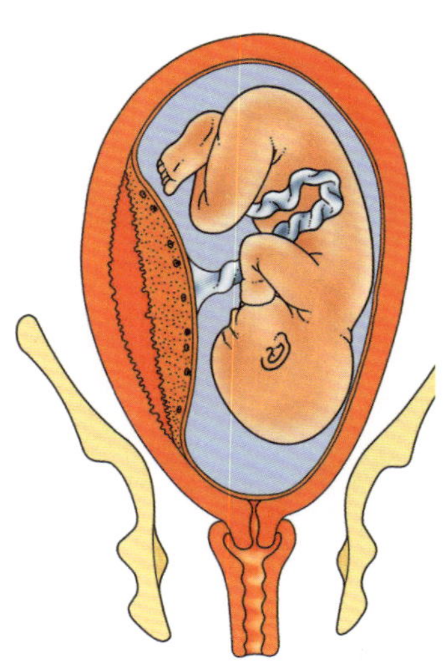

AFI值大于25厘米时，意味着羊水过多，孕中期、孕晚期都会发生，其中有部分羊水过多原因不明，也有部分羊水过多与胎宝宝异常、妊娠合并症等相关，需要根据具体情况进行治疗。

AFI值小于5厘米时，意味着羊水过少，一般孕中期或者孕中期以前发生这种情况非常少。

孕妈妈身体的变化

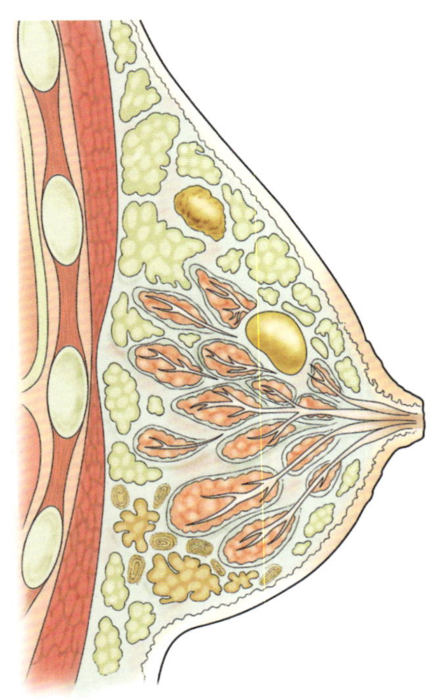

体重

此时孕妈妈体重将达到孕期最重，在宝宝出生前，大约还是以每周0.4千克的速度在增加，孕妈妈可以合计整个孕期体重增长情况，控制在15千克以下最好。

子宫

孕妈妈会有一种肚子向下坠动的感受，呼吸酣畅了，胃胀减轻了。临近预产期，孕妈妈会感觉到一阵阵的阵痛，那是子宫收缩，意味着要进入分娩。

乳房

感觉到乳房酸胀，乳房变大，乳头变得挺立，已做好了哺乳的准备。分娩后，经过宝宝的吸吮，能分泌乳汁。

疼痛

分娩前腹部、腰背部肌肉、耻骨、会阴部等疼痛由于临近分娩期会感觉更加明显，准爸爸可以通过按摩等，帮助孕妈妈缓解肌肉酸痛情况。对于会阴胀痛、耻骨痛还需要孕妈妈忍耐、克服。

睡眠更差

由于越长越大的胎宝宝对孕妈妈腹腔内脏器的压迫，以及尿频等原因，孕妈妈睡不着的现象更明显，孕妈妈可以通过改变卧位，甚至是采用半卧位的姿势尝试入睡。

阴道出血

有的孕妈妈可能会出现“阴道出血”现象，这是因为临近分娩，子宫颈变软、变薄，黏液栓塞和血液混合流出阴道的现象，是正常的，不用太过担心。

到了孕10月，孕妈妈会感觉身体更加沉重，行动也变得更加费力，请孕妈妈再坚持一下，等到宝宝出生，这些不适和疼痛就会消失。

孕妈妈下肢水肿的状况似乎更严重了，尿频现象也更频繁，孕妈妈坚持就是胜利。

分娩“信号”早知道

当身体有这些感觉或变化时，表明宝宝快出生了，要去医院了。

规律宫缩

临近预产期，当孕妈妈感觉到腹部开始规律地发紧，并且这种感觉慢慢转为很有规律的下坠痛、腰部酸痛，则表明临产宫缩开始了。孕妈妈可以自我监测一下宫缩的间隔，一般刚开始宫缩时间间隔在 10 分钟左右，孕妈妈可以洗澡，吃点东西，做好去医院的准备。当规律性的宫缩间隔时间为 5 分钟左右时，孕妈妈就可以行动起来，去医院了。

孕妈妈要注意分辨假性宫缩和临产宫缩的不同，临产宫缩除规律外，孕妈妈还会感觉到下腹部很硬，往往还伴随着疼痛，宫缩像浪潮一样涌来，阵阵疼痛向下腹扩散，有腰酸和排便感。

见红

临近预产期，孕妈妈发现阴道分泌物中有鲜红的血丝或褐色分泌物出现，大多数是见红，是子宫内口胎膜与宫壁分离的表现，表示身体开始进入分娩“程序”。见红可能出现在规律的宫缩前，也可能出现在宫缩后。在宫缩前出现见红，孕妈妈不要着急，可等待规律宫缩间隔 5 分钟左右再去医院即可。

需要注意的是，见红时出血量是非常小的，如果出血量有些大，应尽快去医院。

破水

阴道流出羊水，俗称破水。因为子宫强有力的收缩，子宫腔内的压力逐渐增加，宫口开大，胎宝宝头部下降，引起胎膜破裂，阴道流出羊水。要马上去医院。羊水正常的颜色是淡黄色，如果是血样、绿色混浊，必须告诉医生。

准爸爸日记

经过了近 10 个月的艰辛，宝宝，你终于“发动”了，我们终于要见面了。我知道你和妈妈都在为这次“相遇”而努力。妈妈很坚强，一边深呼吸缓解着阵痛，一边努力爬楼梯，因为妈妈知道，宝宝在等妈妈。我们也知道，妈妈的每一次阵痛，都表明你也在努力穿过层层“阻碍”，宝宝，你要加油！我和妈妈等你。

准爸爸该知道的：分娩全过程

临床上，将女性分娩婴儿的全过程分为 3 个产程，由于孕妈妈将胎盘娩出后的 4 小时是并发症高发期，需要观察，又被称为是“第 4 产程”。

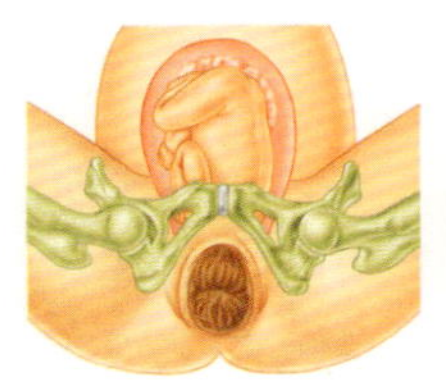

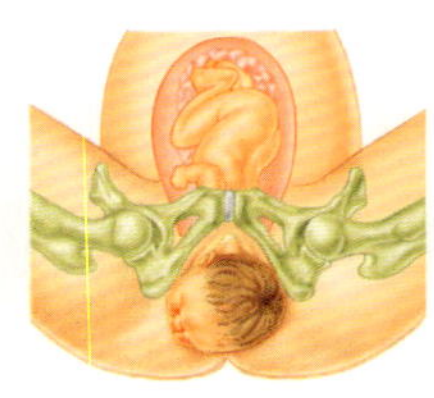

第 1 产程：指从出现规律宫缩开始直至宫口开全(10 厘米)的过程，一般初产妇需 11~12 小时，经产妇需 6~8 小时。宫口开至 3 厘米(3 指)时间最长，只要宫口开了 3 指就可以进入待产室。从 3 指到 4 指大约需要 1.5 小时,4~9 指大约需要 2 小时,9 指到 10 指大约需要半个小时。

第 2 产程：从宫颈口开全至胎宝宝娩出为止。初产妇要持续 1~2 小时，经产妇可在 1 小时内完成。此时，产妇会感觉宫缩痛减轻，可以跟着医生或者助产士的口令用力，帮助宝宝娩出。

第 3 产程：指在宝宝娩出至胎盘娩出的这段过程。一般宝宝娩出后，在 1~2 次的宫缩后，胎盘开始娩出，产妇此时也要听从医生或助产士口令用力、屏气，协助胎盘娩出。常在 30 分钟内胎盘会完整的娩出。

第 4 产程：胎盘娩出至产后 4 小时，目前医院多进行产后观察 2 小时。因为多数分娩并发症在此期发生，需严密观察。此时孕妈妈终于“卸货”，在消耗了十数个小时后，身体也非常累，可以休息一会儿，但不要睡。

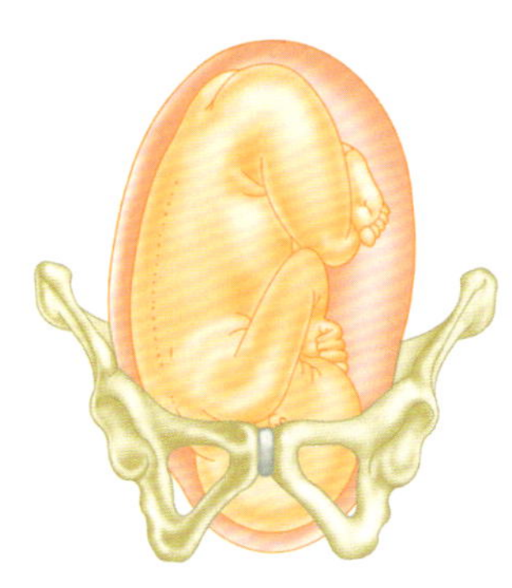

你得做点啥

当孕妈妈出现规律宫缩，且宫缩出现间隔时间大大缩短时，带好待产包和孕妈妈一起去医院。

在第 1 产程中，产妇精力还比较充沛，但正在经受宫缩、阵痛的痛苦，准爸爸要陪在妻子身边，多与产妇进行语言交流，并适时给予按摩，以减轻疼痛；并提醒家人为产妇准备软烂、易消化的面条等食物，以补充能量。

按产程配合医生，分娩更加顺利

分娩能否顺利完成，取决于产力、产道、胎儿以及产妇的心理因素，只有 4 个因素相互协调配合，才能顺利完成分娩过程。

在这 4 个因素中，产力和孕妈妈的心理其实是可以调整的，孕妈妈如能按照自身条件，配合医生，会令分娩更加顺利。要做到这点，孕妈妈要注意思想放松，因为紧张情绪可以直接影响子宫收缩，而且会使食欲减退，引起疲劳、乏力，影响产程进展。孕妈妈可以提前了解分娩知识，做到心中有数，准爸爸也要陪在妻子身边，疏导孕妈妈的情绪。

待产时的配合

在此阶段，孕妈妈要抓紧空隙和时间休息，做深慢、均匀的腹式呼吸，即每次宫缩时深吸气，同时逐渐鼓高腹部，呼气时缓缓下降，可以减少痛苦。趁机补充营养和水分，尽量吃些高热量的食物，如粥、牛奶、鸡蛋等，多饮汤水以保证有足够的精力来承担分娩重任。利用宫缩间隙休息、节省体力，切忌烦躁不安而消耗精力。

正式分娩时的配合

1 在宫口全开后，孕妈妈要注意随着宫缩用力。宫缩时，两手紧握床旁把手，先吸一口气憋住，接着向下用力。宫缩间隙，要休息、放松，喝点水，准备下次用力。

2 如果孕妈妈不会用力也不要怕，医生和助产士会给孕妈妈指示，孕妈妈跟着做即可。

3 当胎头即将娩出时，要密切配合接生人员，不要再用力，避免造成会阴严重裂伤。

4 当宝宝顺利娩出时，孕妈妈要保持情绪平稳，此时可以把一切都交给医生。

5 分娩结束后 2 小时内，应卧床休息，但不要睡，便于医生、护士观察新妈妈的身体状况。有时候医生或护士也会来给新妈妈揉肚子，促进恶露排出。

在分娩后，新妈妈身体若有任何不适，如头晕、眼花、胸闷等症状，或者感觉到有排便感觉等，要及时告诉医生，以便于医生及早发现异常并给予处理。

分娩到底有多疼

分娩疼痛度

对于分娩疼痛度，不同的产妇有不同的感受，不过曾经有痛经经历的孕妈妈可以回想一下痛经的疼痛感，大部分孕妈妈分娩时感觉到痛经的程度，只是疼痛的密集度高了一些，所以孕妈妈不要担心。但是有的孕妈妈感受疼的神经比较敏感，就会觉得此时特别痛苦。不过现在孕妈妈也不用怕，可以采用无痛分娩。

了解分娩痛由来

分娩痛主要来源于子宫收缩，但阵痛时孕妈妈如肌肉紧张或心里害怕，就会导致疼痛加剧。所以孕妈妈在经历阵痛时，可以尝试深呼吸，放松肌肉，可在一定程度上缓解疼痛。

拉梅兹呼吸法缓痛

在开始规律宫缩的时候，孕妈妈跟随子宫收缩开始用鼻子深深吸气、吐气，反复进行，直到一波阵痛停止恢复正常呼吸。

在宫颈口开到3指以上7指以下时，采用嘻嘻轻浅呼吸法。此时宫缩每隔2~4分钟就会进行1次，每次持续时间45~60秒。孕妈妈让自己身体放松，伴随着子宫收缩，用嘴吸入一小口空气，保持轻浅呼吸，让吸入及吐出的气量相等；当子宫收缩强烈时，需要加快呼吸，反之就减慢。

当宫颈口开至7指以上时，孕妈妈感觉到每1分钟子宫就会收缩1次，这时孕妈妈先长长地呼出一口气，然后深吸一口气，接着快速做4~6次的短呼气，感觉就像在吹气球。

当到了第2产程的最后阶段，医生告诉妈妈看见胎头，先不要用力的时候，孕妈妈可以采用哈气法呼吸。阵痛开始，先深吸一口气，接着短而有力地哈气，如浅吐1、2、3、4，接着大大地吐出所有的“气”。如此反复，直到孕妈妈不想用力为止。

按摩缓解分娩疼

在宫缩时，准爸爸或者家人用捂暖的双手按摩孕妈妈的腰背底部，可以在一定程度上缓解阵痛。

产前可以练习一下呼吸，体验分娩。

有必要了解无痛分娩法

剧烈的疼痛对谁来说，都是身体和精神的双重挑战，现代孕妈妈也可以完全不必经历这种痛苦，可以采用无痛分娩的方式进行分娩。

了解无痛分娩

无痛分娩确切地说是分娩镇痛，目前采用最广泛的一种无痛分娩方式是硬膜外阻滞。是在产妇腰部的硬膜外腔注入一些镇痛药和小剂量的麻醉药，并持续少量地释放，只阻断较粗的感觉神经，不阻断运动神经，从而影响感觉神经对痛觉的传递，最大程度地减轻疼痛。使用过程中，可根据情况自行按钮给药，基本感觉不到疼痛，是镇痛效果最好的一种方法。

无痛分娩时麻痹了孕妈妈的疼痛感觉神经，但运动神经和其他神经并没有被麻痹，所以产妇能感觉到分娩的过程，并且要根据医生的指令和宫缩情况用力。如果没有用力的感觉，可以听从医生的指导向下使劲。

无痛分娩对宝宝有影响吗

很多孕妈准爸以及家人担心无痛分娩使用麻醉剂对宝宝的大脑会产生不良影响，这完全是没必要的。临床上实施无痛分娩是以维护母亲和胎儿的安全为最高原则的，在使用剂量以及药物浓度方面都是非常安全的，而且经由胎盘吸收的药物量微乎其微，对宝宝并无不良影响，更不会影响宝宝的大脑健康。孕妈妈完全可以放心采用。

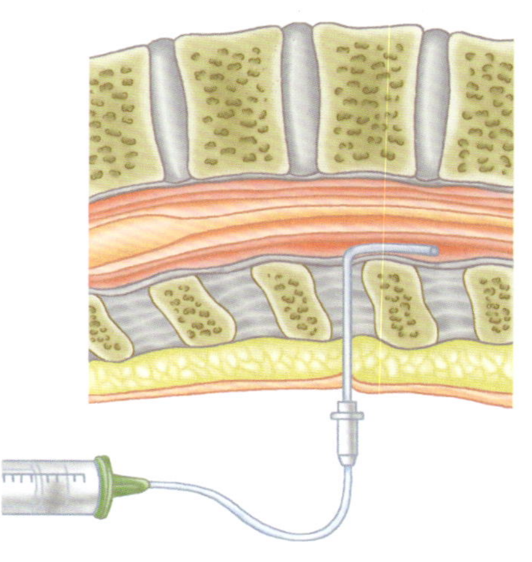

采用无痛分娩要做的准备

硬膜外阻滞的无痛分娩方式虽然是采用最为广泛的，但在我国尚未完全普及，很多妇产医院并没有这项技术，所以孕妈妈要事先咨询医院是否是硬膜外麻醉形式的无痛分娩。

并不是所有的孕妈妈都适合硬膜外阻滞形式的无痛分娩，比如孕妈妈对麻醉药或镇痛药过敏，或者耐受力极强；有凝血功能异常等。若有妊娠并发心脏病、腰部有外伤史等情况，宜向医生咨询后，由医生来决定是否可以进行无痛分娩。

预产期到了胎宝宝还未入盆该怎么办

到了孕10月，大部分胎宝宝胎头都已入盆，但有些“性子稳”的胎宝宝迟迟不入盆，眼看预产期都要到了，胎宝宝还没有入盆，该怎么办？

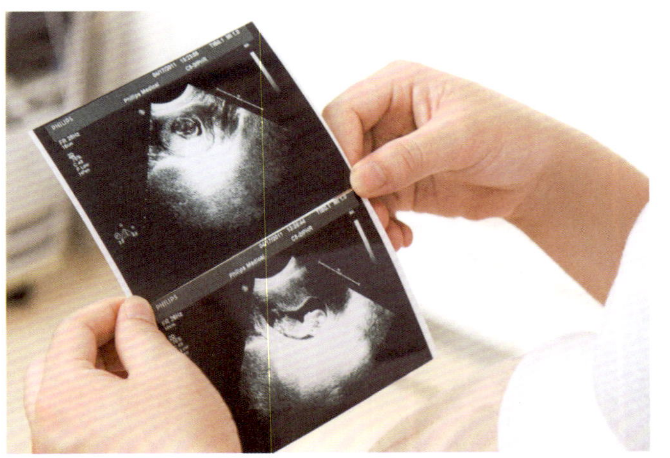

先别急，可能是胎宝宝“稳”：如果到了预产期，产检发现胎宝宝还没有入盆，若其他正常，则不要着急，入盆早晚因人而异，况且预产期也并不是准确的，前后有1周的误差值都属于正常，所以不要太过担心，定时产检。

查找不入盆的原因：胎宝宝能否入盆主要取决于胎宝宝在子宫内的位置和孕妈妈骨盆的情况，如果因为是由于胎位不正和胎盘前置等造成，孕妈妈也不要担心，可以采用剖宫产的分娩方式，保证宝宝顺利分娩。

处理方式看时间：在孕41周前，如果一切正常，但胎宝宝就是特别“稳”不入盆，孕妈准爸可以等等看，因为入盆时间往往非常快，不到半分钟就可以完成，所以可以继续观察胎盘成熟度、羊水量、胎心、胎动等情况，继续等等。

孕41周后：若到超过了预产期7天，胎宝宝还没有入盆迹象，孕妈准爸就要考虑催产或者剖宫产。因为随着孕周的增加，子宫内环境变化大，胎宝宝可能会发生危险，要及时采取措施。

你得做点啥

陪在孕妈妈身边，照顾孕妈妈的饮食起居，和孕妈妈一起商讨解决问题的办法。

陪着孕妈妈进行散步、爬楼梯或者助产瑜伽等运动，帮助胎宝宝入盆。

当孕妈妈因为担心做不了决定时，关键时刻准爸爸要理智地听从医生的建议，尽快做决定，这对孕妈妈和胎宝宝都好。

做些助产运动，帮助顺产

进入孕10月，孕妈妈可以做一些有助于顺产的动作，能够有效帮助顺产。

1 跪在床上或垫子上，用双臂支撑，头部、背部和臀部尽量保持在一条直线上，上下轻轻摇摆骨盆，可加强腰部肌肉力量。

2 盘腿坐，两脚脚掌相对，双手轻按腹部或膝盖，可拉伸大腿与骨盆肌肉。

3 背部靠墙站立，两脚分开，与肩同宽，靠着墙慢慢上下滑动身体，有助于打开骨盆。

4 站立，双腿分开与肩同宽，膝盖自然弯曲，双手放在腰间。一边呼气一边左右运动骨盆。也可以前后运动。

此外，最适合孕妈妈的散步还要继续坚持，但要注意不要让自己感觉累，每天散步30分钟左右为宜。

孕晚期运动要注意安全

孕晚期孕妈妈在做运动时，尤其要注意安全，要站稳，动作也要慢慢来，不要着急。孕前不太爱做运动的孕妈妈，开始学习助产运动时，更要注意安全和动作幅度，最好准爸爸在身边时进行。

做助产运动的注意事项

1 一定要注意运动量，切忌超负荷运动。以前没有做过的运动或者动作宜循序渐进，开始可以每个动作做五六次即可，最多不应超过15分钟，然后在身体接受了后，慢慢累积增加。

2 运动时穿着要宽松，但是也要整齐，最好不要穿拖拖拉拉的开衫或者有带子的衣裤、鞋袜，以免不小心绊倒自己。

3 孕晚期宜选择一些动作幅度较小，比较舒缓的运动动作，而且要每天坚持。

4 运动时间可以选择自己舒服的时候，时间比较方便的孕妈妈可以在上午10点，或者下午5~7点之间进行。

5 散步等运动最好选择离家比较近的广场或者公园进行，最好有家人或准爸爸陪伴，不宜走得太远。

此外，还需要注意的是，如果在运动期间出现了阴道流血或者下腹疼痛等情况，一定要立即停止活动并及时就医。

剖宫产的那些事儿

了解剖宫产

剖宫产是指婴儿经腹壁和子宫的切口分娩出来，是孕妈妈在不适合顺产的情况下，所做的一种选择。但若不是必须进行剖宫产，还是应该选择自然分娩。

在顺产条件不足情况下，也不要过于纠结，剖宫产也是孕妈妈和宝宝的好选择。

必须选择剖宫产的情况

35 岁以上的高龄初产妇，同时诊断出妊娠合并症者；孕妈妈的骨盆狭小或畸形，不利于自然分娩；孕妈妈产道不利于分娩，有炎症或病变、畸形；胎宝宝胎位异常，有前置胎盘或者体重过重情况；有妊娠合并症的孕妈妈，以及子宫有疤痕，或者有产前出血症状者。

剖宫产前最好洗个澡

剖宫产前孕妈妈要做好个人清洁。因为剖宫产是在孕妈妈腹部上开刀的创伤性手术，产前清洁可减少细菌感染概率。另外，剖宫产后，由于伤口恢复等问题，妈妈不宜让伤口沾水，可能有一段时间不能洗澡，只能实施擦浴。

需提前入院

一般如果计划剖宫产，需要提前预约日期，并且提前一天入院。入院后，医生会为孕妈妈做全身系统检查，了解孕妈妈的身体状况，为剖宫产做好准备。

手术前准备

手术前的 4~6 小时禁止吃任何东西和喝水，在手术前一晚只能吃清淡的食物；护士为孕妈妈备皮以方便手术进行；让家属签署同意手术和麻醉的同意书；由护士给孕妈妈插入导尿管，以排空尿液；送进手术室。

剖宫产后再次怀孕要注意

一般初产妇如采用了剖宫产，二胎分娩时大概率也将进行剖宫产；同时在怀二胎宝宝过程中产检要密切注意子宫状态，尤其是在孕晚期。

有些孕妈妈会担心剖宫产对宝宝不好，其实剖宫产是在不适合顺产情况下的选择，也是当时情况下最大程度地保护孕妈妈和宝宝。妈妈不必过于纠结这个问题。

选择适合自己的分娩方式

除了自然分娩、剖宫产外，还有很多其他分娩方式，孕妈妈可以根据自己的情况进行选择。

选择分娩方式要提前沟通

一般孕妈妈都是在孕9月确定分娩方式，除了必须选择剖宫产的特殊情况外，大多数孕妈妈都建议自然分娩，但自然分娩也有很多种方式，比如水中分娩、无痛分娩、丈夫能否陪产、是否有助产士、能否要求不侧切等，这些孕妈妈的要求可以在确定分娩方式时与医生沟通，一般医生或者医院会在条件允许下尽量满足孕妈妈的要求，但如果限于环境、设备等因素，也可能会无法完全满足孕妈妈的要求。

孕妈妈可以提前了解一些好的妇产专科医院或者机构，可以满足孕妈妈这些要求。但是必须选择剖宫产的情况，则没有更多选择。

大多数孕妈妈都选择了哪种分娩方式

目前，大多数孕妈妈都选择传统意义上的自然分娩，能够提供水中分娩的医院比较少。无痛分娩方式作为大大降低分娩疼痛的安全分娩方式，近些年也成为更多孕妈妈的选择。对于能否让丈夫陪产，则多取决于分娩医院的规定及孕妈准爸的意愿。

想要不侧切可以吗

事实上，侧切有的时候并不是一种选择，而是在分娩过程中，医生不得不采取的一项措施。大多数孕妈妈会阴缺乏锻炼，弹性不足，所以在分娩过程中很容易造成会阴撕裂。会阴撕裂不仅会给新妈妈造成身体上的痛苦，而且不易愈合，而此时采取侧切，则会避免撕裂伤害的不可控性，对新妈妈身体恢复更有益。

准爸爸日记

关于如何选择分娩方式，其实孕妈妈有绝对的话语权，我作为丈夫，没有经历妻子分娩的痛苦，也无法代替妻子痛苦，只要妻子在分娩的过程中能够平安、顺利，再能够舒服一点，我是绝对要配合的。老婆，谢谢你的付出，我会一直陪在你身边。

孕 10 月孕妈妈吃点啥

本月饮食的关键在于重质不重量，少食多餐，没必要额外进食大量补品。

食物以口味清淡、容易消化为佳，应多吃一些对生产有补益作用的食物，如西蓝花、甘蓝、香瓜、麦片、全麦面包等，以获得重要的凝血因子维生素 K；多吃豆类、糙米、牛奶、动物内脏等，以补充身体内的维生素 B_1，避免生产时产程延长。

继续坚持少食多餐：此时孕妈妈的肚子非常大，也容易产生不适感，少食多餐可以减少孕妈妈胃肠的压力，缓解孕晚期的不适。

补充不饱和脂肪酸：此时是胎宝宝大脑快速发育的最后“冲刺”阶段，补充不饱和脂肪酸有助于胎宝宝眼睛、大脑、血液和神经系统的发育。坚果、胚芽油以及深海鱼中含有丰富的不饱和脂肪酸。

清淡饮食，吃易消化食物：临产前，由于宫缩的干扰和睡眠的不足，孕妈妈胃肠道分泌消化液的能力降低，吃进的食物从胃排到肠里的时间由平时的 4 小时增加到 6 小时左右。因此，产前最好不要吃不容易消化的食物。

保证优质蛋白质的摄入：临近分娩，孕妈妈要摄取足够的优质蛋白质和必需脂肪酸，可以多吃含有优质蛋白质的蛋、奶、肉类以及大豆制品等，同时也要注意营养的均衡。

你得做点啥

根据孕妈妈的身体状态和口味设计符合孕妈妈的营养餐点，陪孕妈妈一起吃，给孕妈妈讲述食物的营养，这也是在给胎宝宝做营养胎教。

了解待产时孕妈妈都能吃啥，为孕妈妈提前做好准备。

想办法让孕妈妈睡好或者多睡一会儿，如果孕妈妈此时侧卧位睡不着，可以尝试给孕妈妈多准备几个靠垫，让孕妈妈成半卧位，压迫感会缓解很多。

待产前要吃饱喝足

分娩过程需要消耗大量体力、精力，所以在分娩前，顺产的孕妈妈最好吃饱喝足，采取剖宫产的孕妈妈则要听从医嘱，该禁食要按要求禁食。分娩前的饮食按照孕期正常饮食即可，只是要吃饱一些，为待产时积蓄能量和力气。

进入待产后，孕妈妈开始经历一波接一波的宫缩、阵痛，基本上就没有心情和精力去好好地吃饭，也没办法好好休息。所以孕妈妈在分娩征兆出现前，每天都要好好吃饭，保证科学而营养的饮食，为分娩积蓄力量。准爸爸要为孕妈妈做好饮食准备，让孕妈妈安心而愉快地吃每一餐。

待产时，孕妈妈能吃点啥

在待产时，孕妈妈遭遇阵痛，会非常辛苦、难受，可能根本没有精力和心情吃东西，但是为了顺利分娩，为分娩积蓄力量，在阵痛的间隙，最好也吃点东西，准爸爸或者家人可以为孕妈妈准备一些易消化吸收、少渣、可口味鲜的食物，如面条、粥、牛奶、酸奶、肉汤等，让孕妈妈随时摄入能量，最大程度保持体力。

按产程吃东西

1 第1产程开始，视孕妈妈的状态可以随时为孕妈妈提供食物，孕妈妈也要尽量调整自己，在能进食的时候，多少吃一点，储备体力。

2 准爸爸或者家人为孕妈妈准备的待产食物尽量做到色香味俱全，帮助孕妈妈提高食欲。

3 第1产程宜食用半流质食物，如粥、挂面、芝麻糊等，如果实在吃不下，也可以喝一点能量饮料。

4 别忘记补充水，可以喝点功能饮料，只要孕妈妈能喝下，就能为分娩提供一点点力量，让分娩更顺利。

5 在分娩的间隙，即在第2产程，尽量在宫缩间歇摄入一些果汁、糖水。

一般在第3产程，胎盘娩出，新妈妈一般先不用进食，可以好好休息了。

一周科学营养餐单

本阶段孕妈妈的饮食既要照顾到胎宝宝飞速发展的需要，又要为分娩储备能量，所以这个时期应该适当调高饮食结构中蛋白质、碳水化合物等能量较高的食物，保证足够的营养。此外，孕妈妈需要注意维生素 B_{12} 和维生素 K 的补充，这两种营养素对分娩时止血有一定的积极作用。

此时孕妈妈还应继续通过食物补充钙质，因为胎宝宝在最后 2 个月能够在体内储存一半的钙，还需要保证每天300~500 克牛奶摄入。

星期一

早餐
面包
煎蛋
牛油果蔬菜沙拉
西红柿胡萝卜汁

午餐
黑芝麻饭团
清炒茼蒿
菠菜鱼片
羊角瓜

晚餐
红薯粥
韭菜包子
凉拌芹菜叶
炒鸡胗

加餐
柚子
腰果
牛奶

星期二

早餐
杂粮饭
海带豆芽汤
炒青菜

午餐
红豆饭
腰果彩椒三文鱼
清炒荷兰豆
白菜虾仁汤

晚餐
西红柿鸡蛋面
凉拌素什锦
炒蘑菇
凉拌空心菜

加餐
火龙果
山竹
酸奶

星期三

早餐
豆包
香菇油菜
紫菜汤
苹果

午餐
燕麦黑豆饭
蒜蓉芥菜
土豆炖鸡块
红枣银耳汤

晚餐
烙饼
西红柿炖豆腐
清炒双花
木耳肉片汤

加餐
桃
酸奶

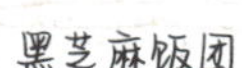
黑芝麻饭团

火龙果

银鱼豆芽

促进子宫收缩

适当摄入含锌食物，孕妈妈每天摄入锌的量为20毫克，到了孕晚期可增加到30毫克。

星期四

早餐
玉米南瓜糊
蒸红薯
鸡蛋
鸡胸肉开心果沙拉

午餐
麻酱凉面
豆芽炒肉丝
凉拌菠菜
萝卜老鸭汤

晚餐
米饭
白灼生菜
菠菜鱼片
丝瓜丸子汤

加餐
李子
橙子
牛奶

星期五

早餐
猪肝胡萝卜粥
鸡蛋
核桃仁拌芹菜

午餐
菠菜鸡蛋饼
蒸玉米
海米油菜
鱼头豆腐汤

晚餐
二米饭
三丝木耳
红烧茄子
黄豆莲藕汤

加餐
蓝莓
葡萄
酸奶

星期六

早餐
发糕
鸡蛋
醋拌萝卜丝
煎鱼排

午餐
米饭
银鱼豆芽
芹菜牛肉丝
红枣花生汤

晚餐
南瓜粥
玉竹炒藕片
蒜薹炒虾仁

加餐
猕猴桃
黄瓜
牛奶

星期日

早餐
三鲜水饺
凉拌豇豆
苹果

午餐
杂粮饭
松仁玉米
香菇煎豆腐
鲫鱼汤

晚餐
芝麻粥
煮玉米
清炒木耳菜
土豆烧排骨

加餐
开心果
柚子
牛奶

营养素补起来

此时孕妈妈可以补充铜、钙、维生素B_1等营养素，为胎宝宝的身体储存足够的营养。

第37周

铜在胶原纤维的胶原和弹性蛋白的成熟过程中起重要作用。

第38周

绿叶蔬菜中含有丰富的维生素K，如菠菜、芥菜、空心菜、甘蓝、甜菜、莴苣、香菜等。

附录：宝宝出生后

宝宝出生后，新家庭成员的加入会令新手爸妈享受幸福时刻，但新手爸妈在幸福的同时，除了要学习新生儿的发育特点，呵护宝宝成长外，也要为宝宝办理各项证明及手续，但各地政策和规定细则不同，仅供参考。

第 1 个证件：预防接种证

需准备的材料：新手妈妈的身份证、社保卡、住院手牌，以及宝宝的准生证和其他医院要求的材料。

办理时间：一般是在宝宝出生的第 2 天。

办理单位：分娩所在医院。

《预防接种证》是在宝宝出生第 2 天办理的，医院专职医生在拿取材料的同时，为宝宝接种第一次疫苗注射。新手爸妈在拿到《预防接种证》后，一定要仔细阅读《预防接种证》上相关内容，保证以后在规定时间内去防疫站为宝宝注射相关疫苗。这将是宝宝将来进入幼儿园所需要的材料，所以新手爸妈一定要保存好。

第 2 个证件：出生医学证明

需准备的材料：夫妻双方的身份证原件和复印件；为新生儿宝宝起好具有法律意义的正式名字;《出生医学证明》首次签发登记表；如果妈妈不能亲自办理，还需要妈妈授权委托人的授权书。

办理时间：宝宝出生后的 1 个月内。

办理单位：宝宝出生医院所在辖区的妇幼保健站。

《出生医学证明》关系到宝宝以后上户口、防疫站疫苗建档、上幼儿园、申请生育津贴等问题，所以一定要重视，马虎不得。一般宝宝出生后，有专职医生收取新手爸妈的身份证原件，在核实信息的第 2 天，发给新手爸妈《出生医学证明》首次签发登记表，新手爸妈要认真填写。然后在 1 个月内，带着办理《出生医学证明》所需材料去办理。

防疫站建档

所需准备材料:《预防接种证》原件及复印件、《出生医学证明》原件及复印件，有的地区会要求带妈妈的《围产健康手册》以及父母一方的身份证。

办理时间：最好在宝宝满月前办理，各地区略有差异，新手爸妈可以提前咨询好。

办理单位：居住地附近防疫站。

需要提醒的是，新手爸妈不要错过防疫站建档或者登陆信息的时间，拖时间过久，无法建档，宝宝以后无法打预防针。

第 3 个证件：上户口

所需准备的材料：居民户口簿、夫妻双方身份证、结婚证、《出生医学证明》、生育服务证，以上材料要带好原件及复印件。

办理时间：宝宝出生 1 个月内。

办理单位：户籍所在地派出所。

在派出所户籍处领取《新生婴儿出生申报登记表》填写，然后与所需材料一起交给户籍工作人员，现场打印宝宝的户口页。接过户口簿后，新手爸妈一定要当场仔细检查一遍，看信息是否有不符的地方，有不符现场可改。

第 4 个证件：医保卡

所需准备材料：《居民基本医疗保险参保登记表》、经办人身份证和复印件、户口簿原件和复印件（复印件需要户口簿首页和宝宝户口页）、《出生医学证明》、医疗保险缴费单。

办理时间：宝宝出生后 3 个月内。

办理单位：户籍所在地街道或社区劳动保障所。

给宝宝办理医保卡前，最好先去户籍所在地街道或社区劳动保障所了解办理医保卡流程，及需材料，免得多跑。一般要先在户籍所在地社区领取《居民基本医疗保险参保登记表》，填写相关信息。并且带好所需材料办理。社区服务工作人员在核对无误后，会向您收取一定医保参保费用，同时开具一张医保缴费的专用收据。第 2 天就可以拿着经办人的身份证件和宝宝的《出生医学证明》还有医保缴费的专用收据，到行政服务大厅领取宝宝医保卡了。届时宝宝看病，就可以一定的报销额度。

第 5 个证件：0~3 岁儿童系统观察就诊卡

所需准备材料：无

办理时间：满月后第 1 次体检时。

办理单位：体检医院。

在满月后，新妈妈和宝宝都会再次进行一次比较系统的体检。此时，医院会给宝宝办理《0~3 岁儿童系统观察就诊卡》，上面标明了宝宝哪些阶段需要去医院体检，医院也会给宝宝建立体检档案，定期检查宝宝的身高、体重、头围、胸围以及饮食、牙齿等情况，还会定期做血色素和微量元素的检测。新手爸妈要按时带宝宝去体检。

图书在版编目（CIP）数据

我的老婆怀孕了 / 王琪主编 . -- 南京：江苏凤凰科学技术出版社，2019.1
(汉竹 • 亲亲乐读系列)
ISBN 978-7-5537-9752-6

Ⅰ . ①我… Ⅱ . ①王… Ⅲ . ①孕妇－妇幼保健－基本知识②孕妇－心理保健－基本知识 Ⅳ . ① R715.3 ② B844.5

中国版本图书馆 CIP 数据核字 (2018) 第 234127 号

我的老婆怀孕了

主　　编	王　琪
编　　著	汉　竹
责任编辑	刘玉锋　黄翠香
特邀编辑	孙　静
责任校对	郝慧华
责任监制	曹叶平　方　晨
出版发行	江苏凤凰科学技术出版社
出版社地址	南京市湖南路1号A楼，邮编：210009
出版社网址	http://www.pspress.cn
印　　刷	南京精艺印刷有限公司
开　　本	720 mm × 1 000 mm　1/16
印　　张	11
字　　数	220 000
版　　次	2019年1月第1版
印　　次	2019年1月第1次印刷
标准书号	ISBN 978-7-5537-9752-6
定　　价	39.80元

图书如有印装质量问题，可向我社出版科调换。